强者心态
我的剧本里我才是主角

自由人生教练◎编著

中国铁道出版社有限公司
CHINA RAILWAY PUBLISHING HOUSE CO., LTD.

图书在版编目（CIP）数据

强者心态：我的剧本里我才是主角 / 自由人生教练编著. -- 北京：中国铁道出版社有限公司，2025.7.
ISBN 978-7-113-32260-1

I. B848.4-49

中国国家版本馆 CIP 数据核字第 20250VR296 号

书　　名：	强者心态：我的剧本里我才是主角
	QIANGZHE XINTAI: WO DE JUBEN LI WO CAISHI ZHUJUE
作　　者：	自由人生教练

责任编辑：	巨　凤	电话：(010) 83545974	
封面设计：	宿　萌		
责任校对：	苗　丹		
责任印制：	赵星辰		

出版发行：	中国铁道出版社有限公司（100054，北京市西城区右安门西街 8 号）
印　　刷：	河北宝昌佳彩印刷有限公司
版　　次：	2025 年 7 月第 1 版　2025 年 7 月第 1 次印刷
开　　本：	880 mm × 1 230 mm　1/32　印张：6.75　字数：130 千
书　　号：	ISBN 978-7-113-32260-1
定　　价：	59.00 元

版权所有　侵权必究

凡购买铁道版图书，如有印制质量问题，请与本社读者服务部联系调换。电话：(010) 51873174
打击盗版举报电话：(010) 63549461

前言

自 2020 年起，我开始了人生教练的学习之旅。在不断的倾听、提问、反馈和觉察的过程中，我不仅打破了许多限制性信念，学会了接纳自己、同理他人，还通过不断的教练与被教练的互动，建立了自信，结识了全球各地的伙伴。这段经历让我从一个内向、不善言辞的人，蜕变为一个能够与任何人轻松交流、成功创业的一人公司创始人，这一切得益于教练技术的学习与实践。

但当我踏上教练职业道路时，我发现了一个普遍的问题：许多同行的教练们面临着营销和拓展客户的困境。很多投资了几万甚至几十万元学习教练技术的人，虽然通过与同伴练习提高了自己的能力，却没有真正的客户来验证自己的技术，难以将教练转化为事业。更糟糕的是，他们甚至不知道如何将学到的教练技能应用到生活和工作中，来真正改变自己的人生。

基于这样的观察，我创立了自由人生教练平台。我的愿景是让更多人受益于教练，帮助各行各业的人能够快速、低成本地学习教练技术，并将其应用于日常生活和工作中。同时，我也希望那些拥有专业技能的人，能通过学习教练技术来提升认知、打造个人品牌，将自己热爱的事业变成一项终身事业，实现理想中的自由人生。

目前，自由人生教练平台已有来自全球十几个国家的学员，他们通过学习教练技术挖掘自己的潜力，通过个人品牌的打造，将自己产品化，勇敢地突破自我和环境的限制，追随内心的热情，走上了自己理想的事业之路，努力活出了自己想要的样子。

这本书汇集了20位自由人生合伙人的成长故事，旨在分享他们真实的经历和转变。希望他们的故事能激励更多读者去追寻自己内心深处的梦想，勇敢地走向自己的未来。每一个普通的生命，都有能力创造自己理想的事业和生活方式，活出真实的自我，成就不平凡的人生。

在此，我要感谢所有的自由人生合伙人。我们通过互联网在茫茫人海中相遇，在"成人达己、活出自我"的共同愿景下携手同行。通过一个个行动营，我们相互赋能，在个人品牌和商业实操上共同成长。愿每一个人都能坚守初心，在自由人生的道路上，用自己的生命去影响他人。

自由人生教练创始人　王艺霖（Alina 霖子）

目录

第1章 接纳全部的自己 / 001

1.1 摆脱他人眼光,从自卑到自爱 / 002

一、外界标签与自我认同的冲突 / 003

二、追求完美与外界认同 / 005

三、面对困惑与内心冲突 / 007

四、自我接纳与重生 / 009

1.2 探索内在力量,活出真实自我 / 012

一、从"父母的孩子"到"成为自己" / 012

二、职业生涯转变与自我突破 / 015

三、自我觉醒与未来愿景 / 020

1.3 学会爱自己，是一切变好的开始 / 022

　　一、学会爱自己的一段旅程 / 022

　　二、重新定义自我价值 / 024

　　三、内外平衡的转变 / 027

第2章　认识最好的自己 / 031

2.1 自我整理，重塑思维和生活 / 032

　　一、自我整理的力量 / 032

　　二、从自我修复到帮助他人 / 034

　　三、5平方米秩序里的幸福 / 035

2.2 寻找自我价值，发挥人生最大潜能 / 038

　　一、打破身份标签，超越自我局限 / 038

　　二、疗愈与自我发现 / 041

　　三、职业与热爱的结合 / 044

2.3 认识自我优势，突破自我限制 / 046

　　一、从自我怀疑到自我认同 / 047

　　二、打破外界框架，创造更多可能性 / 048

三、持续学习与设定目标,让优势最大化 / 050

2.4 突破自我设限,舞出人生新篇章 / 052

一、从内耗到突破:舞蹈成为转型的钥匙 / 053

二、探索内心愿景,找到真正的自己 / 054

三、打破认知局限,突破商业能力 / 056

四、挖掘身体智慧,发现并释放内在潜能 / 058

第3章 培养深度思维 / 061

3.1 突破职场困境,重拾自我价值 / 062

一、从"被嫌弃"到"重拾价值感" / 062

二、直面职场低谷,重建自信 / 064

三、心态的蜕变是飞跃的起点 / 067

四、重新认识自己 / 069

3.2 建立产品思维,突破职场迷茫 / 072

一、发现职业方向 / 073

二、如何用产品思维突破职业迷茫 / 076

三、突破职业瓶颈 / 078

3.3 打破思维局限,发现人生新的可能 / 084

　　一、找到属于自己的事业 / 084

　　二、从个人困境到社会价值 / 088

　　三、爱具体的人,具体地去爱 / 091

第 4 章　掌控成功心态 / 097

4.1 学会放松,让改变立刻可见 / 098

　　一、重新掌控生命:减压与赋能 / 098

　　二、转变与复原:正念减压对健康的影响 / 101

　　三、正念减压与教练咨询 / 102

4.2 勇敢面对恐惧,重新定义成功 / 105

　　一、从职场机器到自由职业者 / 106

　　二、直面恐惧,与恐惧共处 / 107

　　三、接纳不完美,从焦虑到成长 / 109

4.3 告别情绪枷锁,激发自我潜能 / 113

　　一、从情绪枷锁到内在自由 / 114

　　二、疗愈与觉察,摆脱情绪束缚 / 116

三、情绪管理与自我转化 / 121

4.4 治愈内在小孩，告别无尽焦虑 / 125

一、难以"再见"的焦虑 / 125

二、深层理解焦虑：原来"焦虑"是来救我的 / 126

三、三大方法让我彻底告别焦虑 / 128

第 5 章 积极落实行动 / 137

5.1 告别拖延症，迈向高效生活 / 138

一、找到拖延的根源，改变内在驱动力 / 138

二、通过目标感和时间管理实现高效行动 / 143

三、实践行动力，打破自我设限 / 144

5.2 打破完美主义，在行动中找到答案 / 147

一、从迷茫到行动：迈出人生转折的第一步 / 149

二、行动驱动成长：如何通过实践找到

人生方向 / 151

三、突破完美主义：在行动中发现自己的

真正潜力 / 154

5.3 改变认知行为，从自卑走向自信 / 159

　　一、从冥想开始，学习审视自己的身体和生活 / 161

　　二、把注意力放在自己身上 / 163

　　三、学会训练自己的大脑和意识 / 166

5.4 时间分配法则，从焦虑到平和的转变 / 169

　　一、从无序到有序 / 170

　　二、从有序到高效 / 173

　　三、从高效到平和 / 177

第6章　高效人际关系 / 183

6.1 深度倾听，提升沟通效率 / 184

　　一、从倾听开始，建立信任关系 / 184

　　二、3F倾听模型，提高沟通效率 / 186

　　三、通过倾听，深层理解与共鸣 / 193

6.2 教练式对话，突破沟通瓶颈 / 196

　　一、提升企业执行力的关键 / 196

　　二、从焦虑到自信，走出迷茫的内心 / 201

第1章

接纳全部的自己

在个人成长与自我发现的过程中,我们常常陷入一种困惑:为何活得如此努力,却依然感到迷茫?外界的期望和社会的标签像无形的枷锁,让我们逐渐忘记了内心最真实的需求。我们追求他人的认可,努力塑造一个符合他人期待的自我,却在这个过程中迷失了自己。这种内心的冲突,不仅让我们陷入自卑和焦虑的困境,也让"自我"的定义变得模糊不清。

然而,正是在这种迷茫中,我们开始意识到,找到真正的自我需要从接纳自己开始。自我接纳并非一蹴而就,而是一个持续内省、逐步觉醒的过程。当我们放下外界的评价,学会肯定自己的不完美时,内在的力量便会悄然生长。这种接纳不仅是对外界的释怀,更是对自我的深刻理解与关爱。

通过持续的自我觉察与和解,我们逐渐打破自卑的枷锁,走向更加自由与平衡的生活。这一过程,是每个人成长道路上必须面对的挑战,也是通向真正自我的必经之路。

> Sharon 雨薇：情绪释放赋能教练，内观疗愈师，毕业于华东理工大学公共管理专业，硕士研究生，曾任世界 500 强外企财务分析师，实修心理疗愈近 10 年，擅长运用内观疗愈和人生教练技术疗愈亲密关系和情绪内耗，微信号 Yuwei20230303。

1.1 摆脱他人眼光，从自卑到自爱

"乖乖女""六边形战士""别人家的孩子"……这些标签像无形的枷锁，从小到大一直伴随着我，构成了我外在形象的框架。表面上，它们为我带来了外界的认可与赞誉，但我内心深处却隐藏着深深的自卑、完美主义以及无尽的挣扎。那光鲜的形象，不过是一副"好学生"的面具，而真实的我，始终被禁锢在面具之后，难以挣脱。

从小到大，我一直生活在"别人的眼中"，展现出来的我并非"真实的我"。他人期望与社会标准构建了一个无形的牢笼，而我却在其中逐渐迷失了。为了迎合外界的评价，我努力塑造完美的形象，力求做到无可挑剔，不让任何人失望。然而，内心的空虚、迷茫和焦虑始终如影随形。表面上光鲜亮丽的我，内心深处却常常陷入自我怀疑与精神内耗的煎熬中。

当我终于决定放下伪装、寻找真正的自我时，我才意识到，自己从未真正为自己活过。在追逐外界认同的过程中，我早已忘记了内心真正的渴望。而要从自卑走向自爱，我唯一要做的，就是"不再活在他人的眼光里"。这一过程让我明白，真正的力量源于对自己的接纳，而非外界的评价。这段路，我走了整整25年，才终于找回了真正的自我。

如今，我学会了与自己和解，也明白了成长的意义——不是追求他人眼中的完美，而是找到属于自己的真实与自由。

一、外界标签与自我认同的冲突

我出生在一个普通的二线城市，家境平凡。童年时，最美好的时光是在五岁之前。那时的我常常和邻家的孩子们一起抓蚂蚱、爬屋顶、玩泥巴、摘野果。那种自由与纯粹的快乐，让我抛却了一切烦恼。我就像一匹小野马，在田野间肆意奔跑。那段时间是无忧无虑的，是我与大自然最亲密的时光。

然而，一切在五岁时改变了。因父亲工作调动，我们全家搬到了市区，开始了全新的生活。这一切对我来说既陌生又令人期待，我既兴奋又忐忑。

作为插班生，第一天上城里的幼儿园，充满了陌生感与新奇感。我和几个小朋友围坐在一张桌子边，老师将我从未见过的课本发到我手中。其他小朋友似乎都互相认识，叽叽喳喳嬉笑着，也有小朋友大声朗读课本，仿佛早已熟读课本。我默默地坐在那里不敢说话，内心满是焦虑与紧张，因为我既不认识课本上的字，又不会说普通话。我无法融入他们的世界，仿佛始终是个局外人。

班上有几个女孩，她们文静优雅，总是穿着漂亮的小裙子。她们看起来胆怯，害怕虫子，也从不玩男孩子们玩的游戏。而我，同样身为女孩子，留着男孩子式的短发，穿着男孩子式的衣服，还经常玩一些"危险"的游戏。这种差异让我感到格格不入，甚至开始怀疑自己是否应该改变。

后来，班上的一个女孩用自己做的小火车向老师展示，赢得了老师的夸奖。那一刻，我的内心也想得到和她一样的认可。于是，我也动手做了一列小火车，心想只要我也这样做，老师也一定会夸奖我。结果，老师并未如我所愿地表扬我。那一刻，我突然意识到，或许只有各方面都做得好，才能被老师看见、被老师认可。

那次经历，在我的内心种下了一颗自卑的种子。从那时起，我开始感受到"别人眼中的我"比我对自己的认可更重要。我渴望成为"好学生"，渴望成为"优秀"的代名词，却忽略了一个关键问题——我从未思考过，自己是否真正喜欢这样的自己。

二、追求完美与外界认同

上小学时，我心中一直有一个坚定的目标：成为一名"好学生"。那是一次班级选举，老师问谁愿意担任班长。当时，我心中涌起一个强烈的念头："这是我改变现状的机会，只有成为班长，我才能摆脱那个默默无闻的自己。"

"老师！我在幼儿园表现不错，我可以当班长！"我鼓起勇气说道。然而，幼儿园插班生的经历让我深信，他人对我们的第一印象至关重要。只有成为"好学生"，并努力维持，才能一直成为被关注的焦点。

最终，一位被很多人推荐的男生成为班长，而我则成为副班长。到了小学二年级，我被选为正班长和大队委员。从此，"好学生"成了我的标签，从小学到高中，我成为老师和同学口中的"六边形战士"和"别人家的孩子"。

我终于不再是那个自卑胆怯、不被看见的"小透明"，而是成为众人瞩目的焦点。然而，随着我的光芒越来越耀眼，部分同学开始感到不适。她们认为我是"被老师特殊对待"的，甚至觉得我的优秀仅仅是因为老师喜欢。她们曾对我说："大家只是在讨好你，因为老师喜欢你。"

可只有我知道，无论学习还是班级事务，我都付出了比其他同学更多的时间和精力。我常常为班级事务忙到最后一个人离开教室。尽管我对自己的成就问心无愧，但得知有些同学背后如此评论我时，内心还是会感到受伤。因为这些言论仿佛在提醒我：大家喜欢你，仅仅因为你是"好学生"，而非你这个人本身。摘掉"好学生"这副面具，我依旧是那个躲在他人阴影中的小透明。

那时的我并没有意识到，剥离真实自我而完全迎合外界期待，是一件非常危险的事。我越成为她们眼中的"完美榜样"，内心深处的真实自我就越感到自卑，越想摘掉"面具"。

我仿佛被聚光灯照射，一言一行都被无限放大。比如某次满分 100 的测验，只要我成绩没达到 95 分以上，或者因为小错被老师批评，都会被当作校园大新闻在各班传播。虽然我似乎被很多人"看见"，但实际上，我陷入了另一个"不被看见"的怪圈：所有正常的需求和感受，其他人表达都会被理解，而无论我怎么表达，周围人好像都听不见。仿佛我的名字与"完美"绑定，如果我做不到或者不愿意做，就会面临各种评判、指责、失望，甚至是强迫。

我感到极度的疲惫和压抑，因为无论如何努力，我似乎永远无法摆脱"别人眼中的我"。我向自己承诺，"等高考结束后吧，我就将你找回来。"但，其实我的内心深处充满了迷茫与不安。

三、面对困惑与内心冲突

高考后，我孤身一人来到上海求学。虽然我来自沿海发达城市，但面对这座陌生都市时，内心的自卑感再次翻涌。外滩的车流昼夜不息，陆家嘴的霓虹彻夜闪烁，我却像一粒被卷入洪流的沙，在钢筋森林的阴影里无声沉浮。

我选择的专业就业面很窄。记得大学第一节企业管理课上，老师自豪地讲述学生入职名企的故事，她眼中跳动的光芒映照出我的惶恐——那个站在讲台旁攥紧衣角的女孩，正为模糊的未来瑟瑟发抖。

我依然选择全速奔跑。白天最早到图书馆自习的是我，夜晚回宿舍休息最晚的是我。我像精密仪器般切割时间：大一起为保研刷成绩，大二横扫各类竞赛。

大二的某个清晨，我在心理咨询室收获了一张诊断书，诊断书上写着"中度抑郁"。父母的声音从千里外传来："闺女，人该为自己活。"电话这端的沉默里，我忽然看清了那个蜷缩在奖状堆里的小女孩：她总在谢幕时鞠躬，却从未听过属于自己的掌声。

在长达半年的心理治疗中，我学会了与阴影对话。那个总说"还不够好"的严厉声音，原是被恐惧驱使的保护壳；那些闪光的履历背后，藏着一个哭红眼睛的姑娘。当我把心理咨询笔记摊在晨光里时,二十年来的第一滴泪终于落下。

诊断书上的"中度抑郁"竟让我如释重负——原来那些失眠的夜、发抖的手、突然空白的记忆,终于有了被赦免的理由。

到了大三,我挤进互联网大厂实习。当同龄人还在摸索方向时,我已将"学霸"和"社会活动家"双重身份焊成铠甲。

研究生毕业季的竞争近乎惨烈。招聘会上,海归精英与名校骄子穿梭如织,我这个普通院校的毕业生,凭着三篇核心期刊论文和实习履历,意外叩开世界500强企业的大门。当工牌挂在脖颈时,入职培训室里空调的嗡鸣声都像在为我喝彩。

在数据分析岗的三年,我从Excel小白蜕变为SAP系统专家。那些与午夜星辉相伴的日子,让我写的报告成为部门决策的指南针。某次年终述职后,总监笑着对我说:"别人两条腿走路,你简直是踩着风火轮追高铁。"

每当加班餐凉透的瞬间,我总被巨大的虚无感吞噬。陆家嘴的玻璃幕墙映出我疲惫的倒影:这个被称作"六边形战士"的姑娘,为什么在茶水间的笑声里像个哑巴?那些光鲜的title像锁链,将真实的我封印在KPI筑成的高塔里。

现在的我依然会在深夜改方案,但也会为窗台的绿萝长出新芽驻足;仍会为升职考核冲刺,却也敢在团建时坦言"我需要休息"。当同事惊讶于我的转变时，我指着工位上的相框微笑——照片里，扎麻花辫的小女孩正对着镜头做鬼脸，背后的晚霞烧红了半边天。

四、自我接纳与重生

慢慢地，我开始接触心理学、哲学等领域的书籍，尝试从更高的角度去理解自己的人生。这个过程让我逐渐意识到，真正的力量来自自我接纳和肯定，而非外界的评价。我开始学习如何与内心对话，接纳自己的不足与不完美，逐渐放下对外界评价的过度依赖，真正活出自我。

对个人职业发展的探索和思考，进一步增强了我的内在力量感。每次进入一个新环境，我都会努力去完成最有挑战性的任务，这让我成长得很快，但也容易陷入琐事的泥潭，导致没有更多时间和精力去拓展其他可能性。

有一段时间，我几乎每天都加班到半夜，生活里只有工作、吃饭、睡觉这几件事。直到有一年公司年会，公司表彰了几位老员工，他们大多已经是公司高管，把最好的青春都奉献给了公司。那一瞬间，我的脑海里突然闪现了一个念头："我曾经极力逃避那些一眼望到头的稳定工作，追求个人发展，可现在的我却在为升职加薪而努力，害怕被裁员，似乎又陷入了对'稳定'的追求中。这真的是我想要的人生吗？"

带着这些思考，结合自身经验和实践积累，以及时间给我的一些反思，我终于找到了自己真正热爱的方向——打造个人品牌。

我的第一个咨询产品是通过一次私域联合营销活动正式发售的。当时，我们设定了一个10万元的销售目标。我列出了900多个微信好友的名单，逐一私聊邀请他们来预约我的发售直播，进我的快闪群。过程中，我得到了很多支持和鼓励，但更多的是拒绝、不回复，甚至直接被删除或拉入黑名单。有些人心里可能会想："以前看着你光鲜亮丽，现在怎么开始自我营销了？""没网感，不自信，连一单都没成交。"这些念头一度让我感到沮丧。

与此同时，我看到其他团队成员的销售额不断攀升，心里的自卑感又回来了。五岁时那种在旁边看别人发光的自卑情结再次涌上心头。我为自己卖不动产品而自卑，为没能为团队贡献更多而自责，但更重要的是，我知道自己需要对那些信任我的朋友负责。

这些不同的力量在我的内心激烈地拉扯，痛苦到我差点哭出来。就在这个时候，一位教练朋友问了我一句话："谁在定义你'拖后腿'？"这一问，让我突然恍然大悟。是我在定义自己拖后腿，是我在批评、否定自己。其实，面对自己在垫底位置依然坚持自己品牌理念的选择，这本身就是一种勇气。

但接着，另一个自我教练的声音又冒了出来："除了对客户负责，还有什么原因在阻碍你去推销呢？"这次，我如实面对了自己的内心，找到了答案——我害怕被拒绝，害怕别人对我的推销行为产生不好的看法。虽然，有些人拒绝了我，可对我来说，这本身已经是一次胜利。我不再在乎他人如何看待我，而是勇敢地让朋友们知道我在做什么；我克服了内心的恐惧，向别人发出了真诚的邀请，既尊重了他们的选择，也肯定了自己以及走过的路。

最重要的是，我学会了与自己和解，接受不完美的自己。只有真正接受自己，才有可能超越那些曾经的恐惧与自卑，走向更加光明和真实的人生。我不再为他人的评价而活，而是按照自己的节奏和步伐前行，让自己成长为心中的那个"最好版本"。

> 唯心：领导力商业教练，毕业于湖南大学，世界 500 强公司商务总监、项目总监，一级建造师，操盘两个总合同额为 7 亿的项目。16 余年工作经验，《培训》杂志认证的职业培训师，埃里克森专业教练，团队教练，东方教练传承人，东方团队教练，中级家庭教育指导师。擅长团队管理、团队教练、个人教练、心理咨询等，微信号 weixin18200838986。

1.2 探索内在力量，活出真实自我

每个人的一生似乎都无法回避三个根本问题：你是谁？你从哪里来？你想到哪里去？回首我过去的三十年，我从未认真思考过自己到底要什么，却始终清楚父母希望我成为什么样的人。成为教练后，我才真正明白，若一个人连"我是谁"都无法弄清楚，那他又怎能知道自己真正想要什么呢？

一、从"父母的孩子"到"成为自己"

我出生在苏北农村，是家中唯一的女儿，还有两个弟弟。父亲初中辍学后，为了减轻爷爷奶奶的负担，早早开始务农。

他对未能实现的读书梦抱有强烈的补偿心理，因此对我们寄予厚望，坚信只有读书才能改变命运。在这样的背景下，我成了村里少数坚持读书的女孩，也是第一个考上重点大学的人。

我最早的记忆停留在六岁那年，妈妈送我去幼儿园。她向老师介绍我时显得格外拘谨，后来我才知道，那位老师曾是她的启蒙老师。从她们交谈的神态中，我第一次感受到母亲对教育的敬畏与渴望。幼儿园里有个白净秀气的小男孩，像极了我的表弟。我莫名生出一种保护欲，甚至对同学谎称他是我的亲戚，不许别人欺负他。现在想来，那种保护弱者的本能似乎与生俱来。

我在村里的小学上了一、二年级。我常不做作业、上课走神，却能答出别人不会的问题，逐渐意识到自己在学习上有天赋。三年级，我转到了镇上的小学，成绩稳居前三，小升初时考了全镇第一。奇怪的是，父母从未过问我的作业或成绩，更未解释过读书的意义。直到听见邻居和老师的夸赞，我才懵懂地明白，自己成了别人口中的"读书的料"。

小学时，我是村里的孩子王，身后总跟着一群伙伴。隔壁村的女孩常欺负我们，甚至挑拨我和伙伴的关系，但我从不示弱。一次邻居家的男孩欺负弟弟，明知打不过，我还是冲上去护住他。如今回想，那股倔强与守护欲早已刻在了骨子里。

初中时，我开始在意人际关系。几个闺蜜常互相串门，可每次去家境好的同学家，羡慕与自卑便交织翻涌。为了掩饰这种情绪，我更愿和家庭条件相似的同学来往。初中三年，许多小学同学陆续辍学打工。看着她们穿着时髦的衣服、化着精致的妆容，我却无法接受她们重复父母的人生轨迹。这种恐惧让我愈发埋头苦读。

初三那年，我几乎"头悬梁，锥刺股"，最终以微弱优势考上县重点高中。高中三年，最大的压力来自对未来的恐惧——当时我觉得，成绩下滑就意味着沦为普通女孩，失去人生选择权。第一次高考失利后，我痛哭一场，咬牙选择复读。再次参加高考，我以超一本线34分的成绩考入湖南大学。

填志愿时，我毫无方向，只因计算机热门便填报了湖南大学的相关专业，结果被调剂到土木工程学院的工程管理专业。大一时，我认定这个专业不适合自己，拼命计划转专业。然而基础薄弱和信息匮乏让愿望落空，转专业的失败让我有了深深的无力感。迷茫中，我敲开心理咨询室的门，和善的老师倾听良久，却未能解答我心底的困惑。

转专业无望后，我开始探索其他可能。除了学习专业课外，我就在图书馆看名人传记和商业书籍，偶尔做家教享受与学生分享学习规划的过程。大学四年，我深切感受到书本知识的局限。

毕业后，我进入一家地产公司工作，从预算员做起。枯燥的工作因岗位重要性带来的收入稍显平衡。此后十年，我努力工作、回报父母、组建家庭，在职场与生活间竭力维持平衡。然而35岁的某天，我正开车行驶在高速路上听着《大悲咒》，胸口突然一紧，一个念头如惊雷炸响：我找不到自己了。

泪水瞬间决堤，最终化作号啕大哭，直至全身发麻。我把车停在服务区，任由情绪宣泄。那一刻才惊觉：我从未思考过"我是谁"，更未尝试活出自己想要的样子。所有的选择都在迎合父母的期待，而这份期待，我从未问过自己是否真正愿意。

从那天起，我开始重新寻找自己——剥开层层外壳，追问心底最真实的声音：我究竟是谁？我想要什么？

二、职业生涯转变与自我突破

从那时起，我开始了自我探索的旅程。通过《萨提亚家庭治疗》和《家庭系统排列》的学习，我意识到自己与父母的关系序位早已错位——我站在了本应属于他们的位置，成了一个试图"拯救"父母的孩子。这种错位的责任感让我时刻紧绷，无法放松，甚至失去了在父母面前撒娇的权利。这种模式延续到了婚姻中，我难以向伴侣示弱；在朋友间，也羞于开口求助。我像一只时刻张开翅膀的老母鸡，又像一名永不卸甲的女战士。

参加多次家庭排列工作坊后，我学会了对父母的命运臣服。一次工作坊中，我对着扮演父亲的演员说出"爸爸，你是大的，我是小的"，瞬间泣不成声，全身发麻。那一刻，我将父母的命运郑重交还，允许他们做真实的自己，而我只需回归孩子的角色。当我放下对他们的期待与拯救欲后，曾经的愤怒和抱怨竟悄然消散，父母的指责也随之消失，我们的相处变得前所未有的轻松。

挣脱原生家庭的桎梏后，我开始探索内心真正的热爱——我痴迷于与人深度交流，剖析思维模式背后的信念与防御机制；感激教育改变命运的力量，持续在成长路上前行；关注不同教育方式对人格的塑造；向往美好事物与和谐关系，珍视真实与良善的灵魂；更热衷于研究如何让生命活出舒展的状态。

2019年，我在某家庭教育平台系统学习了父母专业课、夫妻关系工作法、青少年品格课等。这些学习不仅重塑了我对家庭教育的认知，更让我被导师们的生命状态深深吸引——我渴望像她们一样站上讲台，用自身经历启迪他人成长。

2022年，我辞去公司商务部部门经理的职务，开始追寻更契合自身天赋的方向。领导建议我尝试项目管理，于是我接手了政府投资2.2亿元的某公办小学建设项目，担任执行总监。从初期应对挑战到九月成功交付并获得通报表扬，这段经历让我深刻认识到自己骨子里的坚韧、责任感与破局能力。

与此同时，我借助多种工具持续探索自我：

（1）九型人格结果显示为 2 号助人型（压力下呈现 8 号领袖型，放松时倾向 4 号自我型），这解释了我为何总想通过满足他人来获取价值感；

（2）MBTI 结果为 ENFP-HA（竞选者型），印证了我热情友善、善解人意的特质，以及快速决策与高效执行的优势；

（3）心理防御机制测评结果显示我的主导模式是"傲慢业力"，这让我意识到过度付出的背后，藏着对被需要的恐惧。如今面对压力时，我会主动追问行为背后的真实动机，在觉察中找回平衡；

（4）自由人生潜力优势测评则帮助我系统梳理了长短板，为职业转型提供科学参考。

这些探索像一块块拼图，让我逐渐看清人生的全貌。现在的我，正带着对自我的深刻认知，朝着内心真正渴望的方向坚定前行。

通过系统学习多种知识、持续提升认知能力并加深自我了解后，我发现自己仍时常被外界事物引发情绪波动，对于理想的人生状态也尚未形成清晰的图景。尤其当知识积累越多，不同理念在意识层面的碰撞就越激烈，各种声音都在试图证明自己主张的正确性。

经历了持续的内心焦灼后,我开始尝试结构化身心调节方案:坚持素食主义,每日清晨五点跟随新加坡导师学习印度瑜伽,并系统学习萨古鲁的《内在工程》。通过冥想与瑜伽的协同练习,我的能量状态得到明显提升,但这份平静始终如履薄冰,任何细微波动都可能打破平衡。

正当我对传统学习方式产生动摇时,一次机缘让我接触到专业教练领域。在与国际教练联合会的大师级教练何巧女士的对话中,我点燃了职业愿景——期望成为能准确发现客户潜能与优势的教练,在帮助他人成长的同时保持谦逊本色。

自2022年10月起,我正式进入埃里克森国际教练学院进行系统学习。在四模块课程的学习中,我积极争取客户实践机会,通过专业级教练认证,并最终确立了个人发展方向。

为深化专业能力,我选择请刘茵教练做系统指导(单次咨询收费2500元,共四次),其间配合完成由国际组织与领导力协会(IAOL)研发的OLP(组织领导力潜能)测试(单次测评1500元)。该工具依据人类发展阶段性理论,将个体成长轨迹划分为逐渐发展的九个层级,为个人发展提供参考。这九个发展阶段隶属于三种组织领导力范式,即前英雄层次、英雄层次和后英雄层次。

前英雄层次涵盖冲动者、投机者、遵从者三个阶段。冲动者阶段的人以自我为中心,行为冲动,决策多基于当下情绪欲望,较少顾及他人感受与后果。投机者阶段的人注重自身利益,善于寻找机会钻空子,倾向短期获利,常忽视道德规范。遵从者阶段的人重视社会规范与他人期望,努力遵循既定规则,寻求归属感与认可,行为谨慎保守。

英雄层次包括运筹者、成就者阶段。运筹者阶段凭借专业知识技能展现强的问题解决与决策能力,注重效率效果,追求事业成功。成就者阶段有明确的个人目标愿景,致力于实现自我价值,具有强竞争力与成就动机,工作成果显著。

后英雄层次包含重构者、转型者、整合者、创造者阶段。重构者阶段反思固有模式观念,打破传统,重构认知行为,注重团队协作与共同愿景,激发创新活力。转型者阶段思维开放前瞻,能引领组织变革,推动创新发展,应对复杂环境。整合者阶段具备系统思维与全局观,整合资源协调观点,促进组织协同合作。创造者阶段有独特的创造力和洞察力,开创全新理念方法模式,为组织社会带来深远变革价值。

测试结果显示,我处于运筹者阶段,有些地方展现出重构者阶段的特征,与实际情况吻合。通过此测试,我明确了方向,向成就者阶段努力。在与刘茵老师的对话中,我逐渐认识自己的拯救者心理。慢慢地,我放下了家族负担,专注人生旅程。

三、自我觉醒与未来愿景

2023 年 4 月，在教练同学的推荐下，我学习了个人商业模式画布和团队商业模式画布课程。当时学习的初衷是为创业做准备，希望通过画布设计提升商业路径的闭环性，即使无法创业，也能应用于团队管理。

有一次，我在团队内带领大家完成了个人商业画布设计。这一过程帮助团队成员清晰了解自己的资源、付出成本和收获价值，大家都觉得受益匪浅。后来，我还帮助一位朋友完成了婚礼策划的创业商业画布，她对商业路径的清晰性与完整性表示非常满意。这些实践让我深刻体会到商业画布的价值，也进一步激发了我的创业热情和团队管理能力。

在积累了一定的商业画布实践经验后，2023 年 5 月，公司将一个金额达 4 亿元的政府项目交给我负责。这是一个工期短、资金压力大、材料供应需现金采购的复杂项目，我需要在高强度的压力下进行前期策划、资源采购、各方协调和考核工作。为了提升自己的能力，我每天早上 6 点起床听唯恒教练的督导课，利用周末时间参加大师班、导师班和团队教练的学习与训练。此外，我还聘请了三位付费教练：一位挑战我的信念与假设模式；一位激励我的行动力；一位在意识维度上引领我提升。

虽然工作繁忙，但我的内心始终保持平静、稳定。那段时间我深刻体会到，每位教练都给了我很大的帮助。最终，我成功交付了4亿元的项目。

那一年，我不仅成功交付了项目，还帮助一位朋友从原生家庭创伤中走出来。她从对伴侣的过度期待、愤怒和无力中，转变成为自己的选择负责，勇敢直面内心。一路探索走到今天，我发现，困扰我们的问题看似来自外部环境、他人或事情，但深挖后才明白，真正影响我们的，是内在的底层核心因素：感受、情绪、信念、态度、价值观、天赋、经验、观点、偏好、渴望、防御机制、心智模式、卓越性、意图。当教练通过提问帮助我们看清这些内在因素以及改变后的可能场景时，我们才能生发出真正的改变动力，从而制订行动计划并取得成果。

如今，我在职场上游刃有余，同时也用我的经验和热爱去帮助更多人找到自己、发掘潜能优势，活出自由人生。

如果你是一名职场领导者，正面临决策孤独、前路模糊、团队低效、增长受阻；或者你是一名职业转型者，正面临方向不明、迷茫挣扎、资源有限、机会难得；又或者你是一名教练或咨询师，正面临不懂商业、难以突围、获客困难、持续低迷等问题，欢迎你联系我，让我陪伴你找到突破方向，活出不一样的精彩人生！

> Joy 张公子：加拿大女王大学史密斯商学院硕士，拥有 10 年以上社交媒体营销行业经验。作为联合创始人，通过 10 年时间，成功将一家只有 8 人的初创公司发展为规模 500 多人的专注于社交营销的国内头部公司。擅长职业生涯规划，热衷于帮助职场人士发现自我价值、实现事业与生活的突破，已成功帮助 100 位以上职场精英实现职场转型和跃迁。微信号 Joy_Zhanggongzi。

1.3 学会爱自己，是一切变好的开始

王尔德曾说过："爱自己，是终身浪漫的开始。"然而，直到去年，当我独自一人来到加拿大留学，坐在出租屋的客厅里，看着窗外漫天飞舞的暴雪时，我才真正体会到这一句话的深意。那时，我内心既平静又充满喜悦：我终于勇敢地迈出了爱自己的第一步，实现了多年来的留学梦想。

一、学会爱自己的一段旅程

回顾过去的三十多年，我发现自己从未真正关注过自己的需求，也很少欣赏自己，更别提爱自己了。在我人生的字典

里,"爱自己"是一个陌生的词汇。

这一切的转变,源于一个故事和一次不经意的教练对话。

在职业生涯中,我的道路算比较顺利。2009年本科毕业后,我投身互联网广告行业。这是一个充满挑战与机遇的领域,行业的入门门槛较高,但我凭借着对专业的热爱和不懈努力,逐渐站稳了脚跟。2011年,我有幸通过社会招聘进入了四大门户之一的新浪网,正式开启了我的职业旅程。

在接下来的几年里,我迅速适应了这个行业,积累了大量的经验,并在公司发展壮大的过程中得到了许多锻炼机会。2013年,随着微博上市,公司也迅速进入了信息流广告的黄金时期,我成为公司的联合创始人,开始了创业的旅程。

十年间,我充满热情地迎接着行业的变化,一直在不同的城市和岗位之间穿梭,不断积累经验,解锁新技能。我被同事和领导称为"革命的一块砖",总是哪里需要,哪里就有我。然而,尽管外界的评价还不错,但长期高强度的工作和不断变化的环境逐渐让我感到压力。2018年,我开始感到越来越焦虑、失落,甚至深陷自我怀疑的漩涡,失眠和抑郁接踵而至。同时,我的爷爷奶奶也相继离世,这一系列的变故让我更加感到生活的无常,也让我意识到需要做出改变。

在那时,我想暂停工作去海外留学,看看更广阔的世界。

虽然这个想法时常闪现，但每当投入繁忙的工作后，它又被我忽视了。随后，全球性的突发事件爆发，导致旅行受限，出国留学似乎变得更遥不可及。不过，我没有放弃。在那段时间，我开始备战雅思，为留学做准备。2023年初，我拿到了加拿大一所顶级商学院的offer。

在准备出国前，我鼓起勇气向我的导师，也是我的合伙人，表达了自己在职场中的困惑和负面情绪，希望能得到一些具体的建议。然而，我却收到了一个出乎意料的回答："我觉得你应该学会爱自己。"

坦白说，当时我没能理解这句话的含义。带着些许不解，我离开了他的办公室。但没想到，这个建议成了我人生中的一个重要转折点。当我开始了加拿大的求学之旅，重新做回学生，逐渐抽离出忙碌的工作，我有了更多时间与自己独处，慢慢去关注自己曾忽略的内心需求。与此同时，我也开始学习教练技术，希望未来能帮助那些像我一样在职场和生活中迷失的人们。

二、重新定义自我价值

2024年4月底，我加入了自由人生教练平台，成为合伙人，并开始系统学习教练技术。平台的商业教练子涵与我进行了深入交流，了解了我的职业背景和教练初心。交流结束时，她给出了建议："我觉得你需要学会更加爱自己。"

这再次让我震惊，两个不同的人在不同时期、不同背景下给出的建议竟然如此一致。我开始深刻反思，决定开启自我教练之旅，探索这一建议背后的深层含义。我在每日晨间日记中，以教练对话的方式向自己提问：

- 爱自己对我意味着什么？
- 为什么爱自己对我如此重要？
- 什么才是真正地爱自己？
- 过去，我做过哪些不够爱自己的事？
- 未来，我能通过哪些行动学会爱自己？

这些问题引导我一步步找回了曾经乐观积极、充满能量的自己。通过不断探索和实践，我逐渐明白，爱自己不仅是心灵的觉察，也是需要实践和体验的旅程。

这个过程让我更加坚定了一个信念：自我爱护和成长是我们终生的课题，是实现内心和谐与外在成功的根本。随着自我教练的深入，这些问题的答案逐渐清晰。过去的经历一幕幕浮现，我意识到自己的迟钝。

面对领导和同事的需求时，我总是第一时间积极响应并解决问题。结果，任务越来越多，时间花费也越来越多，我变得越来越忙碌。面对他人看似不靠谱或不合理的请求，我明明不想回应，却总是因为不好意思拒绝，最终答应。完美主义的我，总是对自己进行过多的评判。无形中，我对自己的要求也越来越高，对身边的人也显得过于苛刻。

我长时间忽视身体状况，屏蔽身体的求救信号。超长时间工作、熬夜和暴饮暴食成了常态，直到身体出现问题。面对真心想要的东西，不论是提高生活品质的小物件还是心仪的衣物，我总是压抑需求，告诉自己其实并不那么需要它们。

当这些过去的经历和感受在自我教练对话中逐一呈现时，我终于明白了：为什么生命中那些互不相识的人会给出如此一致的建议。他们在与我相处的过程中看到了我的问题，而我却视而不见。突然之间，我感到心疼自己，想对过去的自己说："这些年，你辛苦了，让我来抱抱你。"

意识到这些问题后，我决定拯救自己。通过日复一日的自我教练对话，我终于有能力回答那些困扰我的问题。爱自己，是一切变好的开始，是一种接纳与相信；爱自己，不是纵容自己停留在不好的状态，而是理解和接纳暂时不够好的自己；爱自己，不是为了迎合别人而委屈自己，而是学会听见内心的声音，在合适的时候勇敢地说"不"；爱自己，不是执着于成为完美的自己，也不再拿自己和他人做不公平的比较，而是欣赏自己的优点，给自己足够的耐心，相信自己能变得更好；爱自己，是感受身体和情绪的需求，并以积极健康的方式回应它们，让自己越来越好。

这是我在自我教练旅程中的深刻领悟，也是我不断实践的目标。

三、内外平衡的转变

带着这些认知，我开启了一场全新的自我探索。在内心深处种下"爱自己"的种子后，我开始通过日常行动和实践，为这颗种子提供肥沃的土壤和充足的营养，期待它自然生长，最终开花结果，塑造出更好的自己。

（1）爱自己，从倾听内心和身体的需求出发。

过去的我，总是忙于工作，将饮食、睡眠、运动等看似简单却至关重要的事情置于次要位置。久而久之，身体状态每况愈下，内心充满焦虑和不安。我经常感到缺乏能量，疲惫不堪，做事动力也逐渐消退。

爱自己促使我做出的第一个改变，是开始真正倾听内心和身体的声音。我先从改变对身体的态度入手，开始注重饮食健康，尝试规律作息，适度运动，并将这些放在每日优先级之上。此外，我还养成了写晨间日记、进行日常冥想以及学习精力管理的习惯。

这些改变，让我逐渐感受到曾经失去的能量在慢慢回归。内心不再焦虑和烦躁，而是以更为平和积极的心态去拥抱生活，享受每一天的美好。

（2）爱自己，从勇敢说"不"开始，不再取悦别人。

过去的我，是典型的"讨好型人格"。总是担心别人会不跟我交朋友，或给别人留下不好的印象。为避免冲突，我常压抑自己的需求，去做不愿做的事。于是，一次次放弃自我，却忽视了自身需求。

直到某个周五晚上，我因接了一项根本不想接的任务，错过了家人的生日晚餐，很是懊悔。从那以后，面对不合适的请求，我开始问自己："这真是我想做的吗？为什么？"学会评估请求，设定界限，勇敢说"不"。从小事做起，日常中设立边界。

起初，朋友临时求助时，我会礼貌地说："抱歉，今天可能不行，我有其他事要处理。"后来，我更加勇敢地处理消耗我的人和事，做出断舍离。奇迹出现了：我并未失去朋友，反而赢得他们的尊重。我明白，只有照顾好自己，才能更好地照顾他人。

（3）爱自己，从完美主义到自我欣赏。

过去的我，追求完美，无法接受不完美。无论外貌、身材还是工作表现，总觉得不够好，对自己从不满意。然而，爱自己让我明白：别人并非因你的完美而爱你，你可以不完美，且依然值得被爱。

一次，我在日记中写下："如果你是自己的好朋友，看到现在的她会说什么？"答案显而易见：告诉她不要只关注不完美。缺点非全部，你有很多优点，有趣且优秀。

后来我还进行了与自己一对一谈话的多次试验，不再说"还有很多需要改进"，而是说"你真棒！完成了艰难项目，且比以前完成得更好"。

几周后，我的内心轻松了许多。我开始注意优点，学会自我认可和欣赏（自我欣赏不是自恋，而是看到真实价值）。

这一转变让我变得更自信，也让我与他人互动时变得更真诚。

（4）爱自己，让我更好地爱他人。

这句话猛地听起来似乎有些自相矛盾。然而，这却是我在自我探索过程中收获的宝贵启示。

曾经的我，常常因过度疲劳致使情绪失控，不自觉地对身边的亲人朋友发火，事后又陷入深深的内疚与自责之中。那时的我，仿佛置身于一个恶性循环，难以自拔。

如今，当疲惫感袭来，我会先暂停片刻，用心去感受自己的情绪，适时调整状态。经过一段时间的自我成长与探索，我惊喜地发现，那个曾经焦虑、疲惫且追求完美的自己，已逐渐蜕变得平和而自信。因为爱自己，我的生活变得愈发美好；因为爱自己，我也更有能力去爱他人，为他们提供支持与力量。

回首这段自我探索的旅程，我完成了从习惯性自我否定、忙碌疲惫到平和自信、充满活力的华丽转身。正如王尔德所言："爱自己，是终身浪漫的开始。"爱自己，让我拥有了充实的内心与和谐的生活。我深知，这只是一个新的起点，未来的路依旧漫长，而我已在这段旅程中找到了前行的力量与方向。

倘若你也曾像我一样，在追逐外界认可和他人期待的过程中迷失了自我，那么不妨从今天起，尝试真正地去爱自己。你会发现，爱自己并非自私之举，而是让自己不断成长，从而为这个世界播撒更多的爱与温暖。

第 2 章

认识最好的自己

生活里的混乱,既映照于物理空间的凌乱无序,更潜藏于内心的杂乱纷扰。有些人曾深陷内外失序的境地,深感时间与精力被琐事无情吞噬,这种混乱不仅令人疲惫不堪,更使自我认同变得模糊难辨。在自我整理的过程中,空间与时间的秩序重构,其意义不仅在于重拾对外界的掌控,更在于助力我们深度审视内在的精神世界。

真正的成长,绝不会局限于物理空间的整洁有序,更是内心世界的觉知与修复。不少人在迷茫与焦虑中苦苦寻觅外界的答案,却未曾察觉,真正的解惑钥匙早已深植于内心深处。自我价值的觉察,恰似与我们相连的隐秘纽带,只有深刻理解并全然接纳自己的价值,方能激发内在潜能,冲破身份的桎梏,迈向生命的深邃境界。

> 梳娟 Shujuan：日本生活规划整理师协会（JALO）一级认证整理师，生活整理师（CALO）认证课讲师，擅长自我整理、老前规划、生前整理，微信号 Shujuan632787。

2.1 自我整理，重塑思维和生活

生活如同一个房间，需要精心整理，内心亦是如此。若你深感生活杂乱无章，常因未完成的任务而压力巨大、喘不过气；居住空间被物品堆满，心情沉重压抑；忙碌却从未获得满足感，或许到了该重新审视生活的时刻。整理，不只是清理外部空间，更是梳理内心、重塑生活的首要步骤。

你是否也有这样的经历：目睹堆积如山的物品，仿佛看到生活里那团乱麻；脑海中"待完成"任务清单繁多，却毫无动力去执行。有时，甚至陷入自我否定，觉得自己无能、失败，被自卑情结笼罩且难以挣脱。

一、自我整理的力量

我也有过这样的时刻。在那段最灰暗的日子里，整理是我最后的选择。起初，我并不知道它能给我带来什么改变，只是觉得:"也许收拾一下外在,能让我暂时摆脱内心的混乱。"我没有想到的是,整理不仅清理了空间,还让我从绝望中找到希望,在自卑中挖掘自身力量。

那时,我的生活陷入了一场失控的状态:家里的角落堆满了无数不舍得丢掉的东西,如旧衣服、没用的物品、散乱的文件……房间乱得连走路都困难;时间被琐事填满,每天忙忙碌碌,却找不到任何成就感;内心被负面情绪占据,总觉得自己缺乏天赋与能力,仿佛未来毫无希望且做什么都没意义。

我害怕看到这样的自己,也不敢面对周围的混乱。我的空间、时间,甚至内心,都像是被卡在了一个无法解开的结里。

生活混乱如同一面镜子,映射出我内心深处对自我认知的迷茫与混乱。那段时间,我总是听到脑海里的声音:"你做不到,你很没用。"后来,我才意识到,这种"永远不够好"的感觉,其实是外界混乱和内心焦虑共同塑造的。我需要一个突破口走出困境,而整理便成了那个契机。

有一天,我决定从最小的角落开始整理。我告诉自己:"只整理一个抽屉就好。"整理这个小小的抽屉,我开始以新的视角看待自己和周围的一切。这一行为改变了我的心态,我把抽屉里的物品一件件拿出来,问自己:"它对我来说真的重要吗？"我逐渐发现，有些物品虽然看似有价值，但早已失去了意义。我丢掉了很多没用的东西，也保留了那些让我感到温暖和满足的物品。

当我整理完一个抽屉后，我开始挑战整理更大的空间：书桌、衣柜、房间……每一次整理，都让我感受到一种难以言喻的轻松感。空间变得整洁后，我开始觉得呼吸更加顺畅了，决策变得更果断了。整理的过程让我重新认识了自己：我发现自己很有耐心，能够逐一梳理复杂的问题，能够将事情规划得井井有条；我发现自己喜欢帮助别人，并且能通过整理给他们带来改变。当这些被混乱和自卑掩盖的优点逐渐浮现时，我的内心深处涌起一股暖流，仿佛在黑暗中看到了一丝曙光，也让我看到了内在的价值。

二、从自我修复到帮助他人

随着生活渐趋有序，我尝试将这种整理的理念延伸至身边的朋友和家人。一位朋友因家中杂乱无序而难以集中精力工作，我帮她整理书桌后，她感慨道："感觉头脑都清爽了许多。"另一位新手妈妈因家里堆满宝宝用品而倍感焦虑，我教她分类优化空间后，她的内心舒缓了不少。这也让我收获了前所未有的满足感——原来，我能以自己的方式为他人带来积极的改变。

这里有些建议想与大家分享。在开始整理之前，不妨先问问自己：

- 我每日究竟在忙碌些什么？
- 这些工作目标真的是我心之所向吗？
- 我对自己当下的状态满意吗？
- 这件物品，我还需要它吗？

当你规划时间、筛选任务时，实际上是在梳理"我究竟想过怎样的生活"。当你整理情绪，直面那些被压抑的感受时，你其实是在自问"我是否真正接纳了自己"。

整理的每一步，是引导我们回归真实自我的过程，也是对关系进行重建：

- 与空间的关系：让环境为你服务，而非成为你的负担；
- 与时间的关系：为自己留出空白，不让琐事填满每一刻；
- 与情绪的关系：接纳每一种感受，而非刻意掩盖不足。

三、5平方米秩序里的幸福

你真的知道幸福在哪里吗？我们常常以为，幸福在远方。比如，在下一次升职加薪的喜悦里，在一场梦寐以求的旅行中，或者在一个遥不可及的理想生活里。但你是否发现，目标实现后，那种幸福感往往转瞬即逝，我们一次又一次追逐，却始终觉得缺了点什么。

其实,最好的陪伴,不在于别人,而在于我们能够真正与自己相处的时光。我们要找的幸福,就藏在身边的 5 平方米秩序里。比如,每天陪伴我们的书桌、床头柜,或厨房的一个小角落里。这些微小的地方,藏着我们日常生活的秩序感,而秩序感,恰恰是幸福的土壤。

当外界的噪声和混乱让人不安时,一个整洁的书桌、一片干净的地板,能瞬间带来片刻的安宁。一个干净的空间,是对混乱生活的静默宣言;一个有序的角落,是对内心秩序的外在表达。

小范围的秩序,是自我关怀的第一步。当清理乱糟糟的桌面时,你是在为自己的专注腾出空间;当整理每天必用的物品时,你是在尊重自己的需求;当为每一件物品找到位置时,你是在为生活创造平静。整理身边的 5 平方米,不仅是在重塑外在的秩序,更是在温柔地对待自己。那如何在 5 平方米里找到幸福的秩序呢?关于自我整理,以下是我总结的实践方法:

(1)整理空间:每天用 5 分钟从小区域着手整理,保持物品整洁,比如从书桌、衣柜或床头等,逐一筛选物品。面对每件物品,自问:"我需要它吗?它让我开心吗?它有用吗?"舍弃不再需要的东西,为留下的每件物品找到专属位置。当空间变得整洁后，你会发觉自己注意力更集中，内心也更轻松平静。所以，整理空间不仅是清理杂物，更是为思绪和情感腾出空间。幸福其实不需要很多的物品，幸福感来自物品的简化和优化。

（2）整理时间：时间，已成为现代人最稀缺的资源。我们常用忙碌掩盖内心空虚，却很少思考所忙之事是否真正重要。比如，每天列出三件最重要的事优先完成，对低优先级任务学会拒绝；每天至少留30分钟是无任务的，用于发呆、冥想或自我对话；减少看手机视频或做无意义事情的时间，将更多时间投入自己喜爱的活动中。

（3）整理情绪：我们理顺了空间与时间后，还需要直面内心的褶皱。未被整理的情绪，如同心头堆积的灰尘，日积月累会让人疲惫不堪。整理情绪，就是为内心腾出空间，让每种感受得以表达。比如，每天花几分钟写下开心或困扰之事，探寻情绪根源；对于可控情绪，寻找具体解决方法，对于不可控情绪，通过冥想、运动或写作释放；允许自己有不完美的情绪，告诉自己"这很正常，我依然值得被爱"。

每次整理空间，你都会更清晰自己的真实需求；每次整理时间，你会更接近自己的内心目标；每次整理情绪，你都会与自己和解，变得更加自在。通过整理空间、时间和情绪，我们将拥有更多专注和自由，感受到更持久的幸福。

> 陈楚依：毕业于新加坡莱佛士国际设计学院，获本科学位，拥有西班牙胡安卡洛斯国王大学心理学硕士学位，创立了上海澜心圆满心理咨询工作室和上海圆满涟漪如意水文化传播工作室，擅长个人心理咨询、身心疗愈、疗愈师孵化的服务，微信号397167894。

2.2 寻找自我价值，发挥人生最大潜能

我的老家在浙江温州，自两岁起便随家人定居上海。大学期间，我在新加坡莱佛士国际设计学院学习服装设计。回国后，我从事了两年服装设计师的工作，之后毅然辞职创业，创立了独立设计女装品牌 BUDAHAYA。此后，我投身于教育、大健康、身心灵等领域，至今已探索十余年。目前，我在上海经营着一家个人心理咨询工作室。

一、打破身份标签，超越自我局限

2022 年至 2024 年，我在云南大理旅居，正式开展心理咨询、身心疗愈和疗愈师孵化服务。每个人所获得的外在身份和头衔，实际上是在不断深入了解和解锁自己的过程中被定义

的。我们每个人的身份都体现着自己理想中的最高版本。

然而，我想告诉大家的是，我们的内涵远不止于此，不应被标签或身份所束缚。每个人的存在本身就是一种荣耀，它与身份头衔并无必然关联。但若要积极影响更多生命，最大化地实现自我价值，我们仍需通过持续学习和实践，达成理想与现实的和谐统一。

我们究竟是谁并不重要。重要的是，我们作为一个能量体，存在于这个世界上，通过一个个身份去体验内心的深层需求。正因如此，我在这里与大家相遇。

我们活着的意义，在于领悟生命的真相，感知宇宙自然与人类之间的关联，理解并更好地生活在世界这个"游乐园"中。与更多同频的家人携手共进，无论前路如何，我们最终都将抵达心中的理想家园。

在这个瞬息万变的时代，许多人在追求成功的道路上深感迷茫，仿佛身处黑暗之中摸索前行。我们常常自问："我是谁？""我为何存在？""我的价值何在？"这些问题如同无形的枷锁，让我们陷入焦虑与不安之中。寻找自我价值，不仅关乎个人的成长，更是实现人生最大潜能的基石。通过深入探索自我价值，我们不仅能提升生活质量，还能在过程中发现生命的意义与激情。

自我价值是个体对自身存在意义的认知与感知，它既是一个抽象的心理概念，也是影响个人生活各个方面的关键因素。自我价值感是我们内心深处的真实写照，宛如一面镜子，既能映照出我们的优点，也能暴露我们的不足。它不仅影响我们的自信心，还直接关系到我们与他人的关系、生活的满意度和幸福感。当我们拥有强烈的自我价值感时，我们会更加自信，勇于接受挑战，坚定地追求梦想；反之，当自我价值感受挫时，我们可能会感到沮丧、焦虑，甚至开始怀疑自己存在的意义。因此，理解自我价值的本质并认识到它的重要性，是我们每个人都应迈出的第一步。

自我价值可分为内在自我价值和外在自我价值。内在自我价值是个体对自己内在品质的认可，如诚实、善良、勇气和创造力等；外在自我价值则更多地依赖于他人的评价，涵盖职业成就、社会地位、外貌等方面。外在自我价值往往受到社会文化、家庭背景等因素的影响，而内在自我价值则源于个体对自身的理解和接纳。

在追求外在自我价值的过程中，许多人忽视了内在自我价值的培养，比起追求名利和地位，找到内心的满足更为重要。所以，平衡内外自我价值，有助于我们更全面地认识自己、提高生活质量。

自我价值感是我们内心的基石，它直接影响着我们的决策、情感和行为。拥有强烈自我价值感的人，往往能在生活中保持积极的态度，面对挑战时更具韧性；而缺乏自我价值感的人，可能稍有挫折就会感到沮丧，甚至产生自我否定的情绪。因此，建立健康的自我价值观，不仅能提升生活满意度，还能增强心理抗压能力。

众所周知，拥有健康自我价值感的人，在工作和生活中更容易取得成功。他们在事业上更具竞争力，能更好地处理人际关系，拥有更良好的心理健康状态。

二、疗愈与自我发现

我从小在上海这个快节奏的大都市长大，比较轻松地就能接触到关于时尚、经济、美食、展览等各种新鲜有趣的前沿信息。一直以来，我都是一个追求自我价值的理想主义者兼艺术生，脑海里不断萦绕着"我是谁？生命的意义是什么？我该如何度过接下来的日子？"等问题。从十几岁起，这些问题便一直困扰着我。

小时候，我在一所私立幼儿园上学，当时的班主任在处理学生矛盾时不够公正，给我留下了不好的印象。一年级上学期，我在浦东的一所国际寄宿学校就读，刚入学就开始学习牛津英语，每周五还能吃到肯德基、麦当劳和罗宋汤。体育课上，我们有一个超大的室内充气翻斗乐，但由于我从小不太遵守规则，所以常常被老师罚站，和一群调皮的男生一起看着其他同学玩耍。所以,每次体育课对我来说都是一种煎熬。现在回想起来,我仍对此感到有些不满,不过从妈妈和奶奶的讲述中,我意识到自己从小就非常调皮,比男生还捣蛋,爬树、翻栏杆都是常事,还不守规矩,总是动不动就向老师、校长告状来捍卫自己的权益。

一年级下学期,我转到了浦西的一所学校,并在那里一直读到初中。那段时间,我从小队长逐步升到中队长,还担任过语文课代表、英语课代表、宣传委员和班长。后来,我考入了华东师大一附中,成为一名市重点学校的学生。虽然在学校里没有什么真心朋友,但高一的语文老师兼班主任给我留下了深刻的印象,也许是因为她在开学时对我们的鼓励:"高中生活虽然有一定难度,但只要你努力,一定可以攻克,欢迎加入我们的班级。"又或许是因为我一直喜欢语文,所以我对她的每一句话都记忆犹新,比如她曾评价我:"你是一个善良、正直的孩子,因此交到了一群有爱的朋友。加油,老师祝福你。"

后来,我顺利考入上海东华大学(原纺织大学),主修服装设计专业,并在新加坡莱佛士设计学院完成了本科学业。之所以选择服装设计专业,是因为我天生对真、善、美有着极为敏锐、细腻、炙热的追求,喜欢创造和设计。但随着年龄的增长以及对自我探索的深入,我发现自己喜爱的不仅仅是设计本身和创意，也不是单纯的外在美丽，而是那些具有真诚、纯粹、自然和美好品质的事物。从外在到内在，那种自然的、纯粹的美深深地吸引着我，于是，我开始从外向内探索。（其实，从外向内探索的种子早在我15岁那年就已经种下。一天放学，我像往常一样逛新华书店，一本名为《少有人走的路》的书吸引了我。书里讲了很多关于心理学方面的知识，就像有个吸铁石一样，我不知不觉就看完了这本书。）

2022年，我一个人先到丽江学习颂钵疗愈和静坐闭关的课程，五天后去了大理。当时，我想给自己送一份30岁的礼物——一组震撼心灵的黑白疗愈艺术照。于是，我在大理找到了一位合适的摄影师，按计划完成了拍摄。

初到大理时，我感到迷茫和不安。这个城市的属性与我之前生活的城市截然不同。刚开始，我很不适应，因为习惯了不与人进行过多的互动，于是尝试着孤独了几个月，在连续多天的阴雨天气中，差点让自己抑郁。慢慢地，我体会到了人与人之间最直接、最真实的互动，明白了人与人之间的联系才是我内心深处的需求。接着，我找到了一个温馨的住处，每天晒太阳，骑着二手电动车穿梭在各个景点和山水之间，喝咖啡、码字、发呆，偶尔和新认识的朋友聊聊天、吃吃饭。大量的发呆和冥想，让我找回了自己缺失的空间和时间。

在这片自然的滋养中，我重新焕发了生机与活力，变得像大自然中的鲜花、稻谷、玉米一样丰满、强壮。除此之外，每天我都会刻意训练自己的觉察力，逐渐将这种练习融入生活，变得像呼吸一样自然。同时，我开始定期进行断舍离，清理物品，送出不需要的东西；在社交方面，我也定期清理微信里的朋友、退出不必要的群组；手机设为静音模式。睡觉时，我会关机。这种生活方式让我变得轻盈、充满能量。

我开始更加细腻地关注自己的感受、情绪和想法，并通过身边的事物来反观自己的内心。因为我深知，心是万物的源头，所有事物皆由心生，境随心转。

三、职业与热爱的结合

云南是个滋养万物的地方，无论你是谁，来到这里，都会得到大自然的馈赠。这种滋养的力量无须言语，它是如此自然。

在大理待了三个月后，我开始思考自己事业的方向。那时，我意识到我想做的事情，一定是自己喜欢，而且还能坚持下去的。于是，我打开了自己多年积累的知识宝库，决定成为一名咨询师和疗愈师。每天，我都进行大量的线上公益个案，帮助大家解决生活中的各种困惑和烦恼。在这个过程中，我积累了很多自我探索领域的知识，提高了自己的自我价值感，收获了很多学员的尊重和认可。

这个尝试让我从马斯洛需求层次理论中最底层的生理需求和安全需求，直接跃升到最高层——自我实现的需求！随着时间的推移，我的客户不断增加，很多老客户向我介绍了新的客户，更多的人开始找到我寻求帮助。这份信任和依赖让我内心感到安宁。

积累了500+小时的线上个案咨询后，我开始举办线下沙龙活动——女性力量觉醒沙龙。在这个过程中，我不仅收获了很多朋友，还与许多优秀的同行们共同探索着更多的可能性。我对自己越来越有信心，这一切是我的"0到1"，也是我作为自由职业者和个人品牌发展的重要起点。我的月收入从最初不稳定的四位数，逐渐稳定到了五位数。

我想跟大家说，寻找自我价值和发挥人生最大潜能是一个持续的旅程，充满挑战与机遇。这个过程不仅关乎个人的成长，也关乎我们与世界的关系。在这个旅程中，我们应不断反思自我、设定目标、克服障碍、积极学习，并帮助他人。最终，我们会意识到每个人都是独一无二的，拥有自己独特的价值，从而实现更美好的人生。

愿每个人都能在这一过程中找到自己的方向，确定自我价值，最终实现人生的最大潜能。每一次成长与蜕变，都是对自我价值的再定义，都是对人生潜力的进一步挖掘。让我们共同努力，勇敢追梦，创造一个充满希望与爱的未来。

> 曼珞：创始人心力教练，自由人生教练平台督导教练，曼荼萝教练茶空间主理人，LUXX内在动机分析师，擅长通过教练式探索以及内在动机分析，看到更多人生内在特质和潜能。曾教练督导辅导学员100+，教练时长达1000+小时，微信号Manluo2021-11。

2.3 认识自我优势，突破自我限制

回顾我人生前三十年的状态，我能想到的都是一些负面的词语：拘谨、防御、谨小慎微、活在别人眼光里、没有目标、没有方向，甚至完全没有自我。但这并不代表我不渴望勇敢、洒脱、追求自我；也不代表我没有美好的愿景，只是因为外在的压力，让我放弃了这些本属于自己的东西，最终生活在他人的价值体系里。

如今的我，从内心深处热爱并享受生命，变得阳光、亲和、友善、活力，人生目标越来越清晰，阶段性目标也在逐步达成，越来越多的人主动与我建立联系……

是什么让我有这么大的转变呢？因为我开始客观地看待自己的优势，有了内在的自我认同感。你有没有过这样的

时刻？当我们经历挫败和无力时，若有人给我们肯定，或者有人给我们一些关怀的行为，我们的内心似乎被照进一束光，那一刻我们会从无力感中获得一丝力量，开始重新找回自信。

一、从自我怀疑到自我认同

我出生在一个十八线小城市的村子里，是家里的大姐，下面有个比我小两岁的妹妹。父母虽有一定文化，但都是普通职工。从小到大，我常听到周围人说"你应该这样做，不应该那样做""你只有这样才能怎样……"。为了不被外界评价，或争取到他人的认可，我一直努力学习。好像只有考到好成绩，我才能真正喘口气。所以，本该享受童年乐趣的我，却保持着极高的自律和理智，所有的委屈、伤心、难过都被压抑在那颗小小的心里。

少年时期，我遇到了一位非常正能量的老师，给了我许多启发。她的亲和力打破了我内心的防御，我开始向她吐露心声。她从不批评学生，总是先给予鼓励和认可，再提出建议。因为学习努力，我常常会得到她的表扬，这让我变得更加上进。渐渐地，她成了我的引路人。

青少年时期，我接触到更多的知识，也渐渐意识到，迎合外界并不能让我真正快乐，于是开始渴望找到真正的自我。

得益于恩师的鼓励和引导，我不再那么排斥自己，渐渐看到自己的优点，并对自己产生了一些认可，对自己的评价也不再那么偏激，审视自己也变得更客观了。整体来说，我还是有些自卑。

大学毕业后，我学习了心理学，才真正理解，如果我们没有自我放弃，便不需要去迎合外界。

二、打破外界框架，创造更多可能性

三十岁后，我开始学习教练技术。记得第一节课，讲的是人的自我防御模式。老师提供了一个非常开放的场域，大家都畅所欲言。由于我的不自信，我不敢公开发言，也不敢在线上课堂中与陌生人交流。在课程接近尾声时，仿佛有道光忽然照进了我的内心，我鼓起勇气打开麦克风，分享了我的想法，老师给予了积极的回应。那一刻，我几乎忘记了自己的弱小与不足，内心感受到前所未有的畅快与舒展。

不久后，在一次一对一督导课程中，我与老师有了近距离的交流。那次，我依旧非常紧张，导致在与客户的对话中并未完全投入。对话结束后，我准备好接受老师的批评。然而，老师却平静地问了我一个问题："在刚才的对话中，你最想嘉许自己的是什么？"我愣住了，心想："怎么可能？表现得这么差，怎么可能嘉许自己？"我沉默了十几秒，才答道："老师，我觉得这次做得不好，接下来我要加大练习频次，尽快提升。"老师继续问："如果用几个词来嘉许自己，你会用哪些词呢？"

这个问题让我瞬间陷入了沉思。因为我从未思考过这个问题，过去的我总是对自己评价不高，觉得自己没有什么突出的优点。紧接着，老师的一番话彻底改变了我的想法。她说："在和客户的对话中，你表现得非常有亲和力，这让客户对你产生了很强的信任感，也因此能够与你敞开心扉交流。你能够及时给予对方认可和支持，让客户的能量在对话的后半程得到提升。这就是你做得非常好的地方。"老师的反馈让我如梦初醒，我开始全面地认识自己。那次对话，深刻地影响了我，让我明白了我不仅是一个有缺点的人，更是一个有着多个优点的人。

我开始反思和自我觉察：过去，我做事情时，总是过于关注外界的标准，是否能够让别人满意。在学生时代，我听从父母的安排；工作后，我听从领导的安排；成家立业后，又听从家人的安排，整个人就是在一种没有觉知的状态下活着。有一段时间，朋友找我帮忙，虽然那并不是我擅长的事情，但因为不好意思拒绝，我硬着头皮答应了。结果，朋友还说我做得不好。现在，我学会了委婉的拒绝。当我发现，拒绝别人后并没有像自己预期的那样让别人不开心，反而有些人还会欣赏我这种拒绝的勇气，我意识到，那些原本限制我的框架，已经变得越来越松动。当我需要做决定或者感觉走到死胡同时，我都会先问自己："还有没有其他选择？"答案总是肯定的，只要用心思考，总能充满可能性。

我曾经非常不喜欢按部就班的工作，每天重复着同样的流程。于是，我开始在工作中识别自己的优势，同时观察自己生活中的兴趣和喜好。慢慢地，我发现自己在将知识分享给别人时，特别开心，尤其看到别人因我的故事而获得启发，我比他们还要开心。同时，我还注意到，在与人交流时，我特别能理解别人，能够敏锐地捕捉到对方真正需要的支持。通过这些观察，我发现自己有很强的共情力，并且在沟通中能够清晰地表达自己。这些优势让我找到了事业的方向——成为一名教练，通过与人沟通，帮助更多有需要的人，成为他们的支持者。

三、持续学习与设定目标，让优势最大化

我们的优势并不是一成不变的，想要让它最大化，需要长期地练习、应用和挖掘。

记得学生时代，我常因写的字漂亮得到老师的表扬（没有接受过专业的书法训练）。参加工作后，大部分工作都通过电脑完成，写字写得少了，也不像以前那么好看了。那时，我

才意识到，任何技能如果不巩固练习，就会慢慢退化。于是，我在给女儿报书法班时，我也跟着一起学了起来。

设定目标也是优势最大化的重要条件。以我从事的教练工作为例，从开始学习教练技术到转型为职业教练，再到现在独自运营公司，我分别设定了短期和长期目标，并通过实际行动将目标落实。

以上这些心得是我一路走来的总结。希望它们能帮助你更好地发现自己的优势，做自己擅长的事，让生活变得更加精彩、有意义。让我们保持积极乐观的态度，面对人生中的挑战，把这些挑战看作是成长的机会，不断开拓自己的优势，让生命更加幸福和精彩。

> Jane 星禾：毕业于美国波士顿大学；认证舞蹈培训师、高级潜力优势教练；30 岁起进行了 6 年舞蹈专业训练，通过践行热爱的舞蹈改变人生，成为带领零基础成人舞蹈入门、实现身心减压及个人成长的舞蹈教练；微信号 jane_lifedance。

2.4　突破自我设限，舞出人生新篇章

我是一名舞蹈教练，专注于帮助零基础的成人通过舞蹈放松减压，享受舞蹈的乐趣。曾经，我一直没有勇气从事我真正热爱的事业——舞蹈。多年来，我压抑自己内心的渴望，直到 30 岁时，遇到了一位人生教练。她的支持让我在高压的工作和养育孩子的双重压力下，成功从零开始学跳舞，甚至在浙江音乐厅独舞演出。

通过她的帮助，我突破了认知的限制，挖掘了自己的潜能，克服了种种阻碍，成功转型为一名舞蹈教练。

在转型的过程中，我将舞蹈、舞蹈治疗、人生教练和企业经营这四个领域结合起来，找到了帮助成人用舞蹈舞出更好自我的方法。至今，我已经带领 30 多位零基础成人进入舞蹈的世界，帮助他们通过舞蹈实现身心减压，找回力量感。

一、从内耗到突破：舞蹈成为转型的钥匙

四年前，我每天工作时间在 10 小时以上，在高要求的工作中高速运转，几乎无暇休息。家里有一个两岁的儿子，爱人工作也很繁忙，我每天像个陀螺一样不停地旋转，努力扮演好家庭和职场中的每一个角色。

我对自己有着很高的要求，要做父母眼中的好女儿、老师眼中的好学生、领导眼中的好下属、同事眼中的好伙伴。表面上，我似乎能平衡好工作和家庭，实际上却对自己的表现并不满意。

生活表面看似平稳，但我的工作内容与我的价值观背道而驰，即便做得再多也没有成就感和价值感。长时间的自我忽视让我渐渐失去信心，我甚至觉得自己越来越远离了内心真正想要的生活。

我曾经尝试过转型，但由于种种阻力，总是无法坚持下去。我如同一只温水中的青蛙，渴望跳出却始终被自身的恐惧和顾虑所束缚。回想起来，只有跳舞的那段时光，我是最开心的。然而，随着学业和工作的压力增大，我将舞蹈深深埋藏了起来。

直到 34 岁生日那天，我的心底冒出了一个声音："我要去跳舞，自己活得太憋屈了。"我决定重新把舞蹈捡起来，试着

通过舞蹈来转型。

于是，我每天早晨起床练舞，也尝试教身边的朋友。刚开始大家非常愿意跟我学，但问题是往往坚持不了太久，就都放弃了。我试着问了几个人，大家的回答各不相同，大多原因是没时间。我对舞蹈的教学效果和教学中的不足不是很清楚，所以对通过舞蹈教学转型也失去了信心。直到有一天，我进入了一个职业转型学习社群，遇到了我的第一位人生教练——赵越。她的帮助让我看到了转型的可能性，也让我逐渐走出了内心的困境。

二、探索内心愿景，找到真正的自己

在与人生教练赵越相处的半年多时间里，我们进行了十次深度对话。每一次对话，就像层层剥笋般，帮助我逐步深入了解自己。

第一次与教练对话时，我对如何在有限的时间里转型成为舞蹈老师感到非常迷茫，充满了不自信。赵越耐心地引导我慢下来，并问我："想象一下，十年后你实现了梦想，那时的你是什么样的？"在我的想象中，我站在一个阳光明媚的房间里和我的学员们一起舞动。大家尽情地享受着舞蹈带来的愉悦，沉浸在美好的艺术氛围中。那一刻，我感受到了强烈的心流，内心充满了喜悦和满足。

教练的引导让我更加清晰自己的理想,让我将多年来压抑的心愿说了出来。那一刻,我热泪盈眶,也豁然开朗,原来我真正想要做的并不是站在讲台上当舞蹈老师,而是像人生教练那样,与学员们并肩而行,陪伴他们成为最好的自己。

从那之后,我全身心地投入舞蹈的训练和研究中。当我做热爱的事情时,我常常进入心流的状态。有一次,我参加了一个舞蹈工作坊,遇到了一个非常特别的舞者——周玟汐老师。她的教学方式与传统舞蹈老师截然不同。她不像一般老师那样要求学员跟着她学,而是与学员们同频共振。周老师让我们从众多角色中选择最喜欢的一个,我当时选择了"奇迹创造者"。当我开始舞动、跳出这个角色的特质时,我的大脑突然与厨师这个角色产生了强烈的联系,因为厨师不仅是创造美味食物的工匠,还拥有隐士的特质——默默无闻地服务他人,通过食物将幸福和温暖传递给每一个人。

我挥着双手旋转着身体,仿佛自己在将一堆杂乱无章的食材,通过舞蹈的创意,变成了美味的食物,分享给每个人。那一刻,我感到自己和灵魂深处的某种力量紧密相连,感觉自己一直埋藏在内心的声音终于找到了出口。我决定要克服自己内驱力不足的问题,以愿景为动力,勇敢去做自己热爱的事。

三、打破认知局限，突破商业能力

虽然我的愿景变清晰了，但贸然换行业的风险依然很大，所以暂时还不能辞职。考虑到后期可能会带团队，所以我决定先维持本职工作，从现在的工作中提高自己的领导能力。然而，想要解决内驱力不足和完美主义导致的行动力弱这两个问题，并没有那么容易。于是，我把这个困惑与赵越教练进行了交流，她的回答给了我深刻的启发："你的模式是总认为要做更多的事，才能达到更好的状态。你可以反过来思考，你得有更好的状态，才能让你更快达成目标，而不是一味地做更多的事。"

听到这话时，我一时觉得不被理解，心里想："改变状态这么容易吗？"但听完她的详细解答后，我发现自己一直以来的工作模式是"要清晰了才去做"，也就是说，我认为必须先具备足够的能力和资质，才能去行动，最终才有可能得到想要的结果。而她给我的启发是，应该先调整好自己的状态，再去做，这样有可能会更快地得到结果。

带着这样的觉察，我在日常的工作和生活中，有意识地自我"教练"。每当旧模式出现时，我会提醒自己，去与"拥抱不确定性"这一优势相连接，跨出舒适区，做出有效的行动。有意思的是，我在练舞时找到了一个让我自由切换模式的动作——挥手展翅跳起扎马步！经过一段时间的实践，我发现自己能够快速调整状态。

后来，我发现自己在招募学员、设计课程和输出内容方面缺乏有效的方法，于是再次陷入自我怀疑中，怀疑自己是否能真正将其做好。

正当我陷入迷茫时，我有幸遇到了 Alina 霖子。她将商业智慧与人生教练的技巧融为一体，助力许多人从零开始打造产品，并实现转型。在一次分析最小可行性产品的过程中，我向霖子讲述了产品的测试计划——准备开一对一的舞蹈私教课。霖子问我："你一定要一对一吗？"我回答："因为目前我的学员较少，一对一可以让我更好地了解学员的实时反馈，方便后期优化课程内容。"霖子说："如果你在没有影响力的情况下进行一对一教学，你需要不断地寻找新学员，还要花很多时间为每个学员定制个性化服务，这样即便过很久，也难以看到明显的成果。"

这句话让我陷入了沉思。霖子建议我："你可以考虑在线上开设多人的课程，这样能够在短期内收集更多的反馈信息。"在她的建议和指导下，我推出了面向零基础成人的线上舞蹈工作坊。然而，问题又来了：我该去哪里快速找到一批感兴趣的学员呢？幸运的是，霖子的训练营给我提供了清晰的方法，商业教练一步步带着我邀约朋友、建立社群，通过直播和分享活动吸引感兴趣的人报名课程。我原本设定了10个报名名额，但没想到，短短几个小时内，就有26个人报了我的课程！我更没想到的是，舞蹈社群3天内吸引了60人加入，里面有很多有缘人。

通过这次经历，我突破了很多认知上的局限，迈出了从零开始的第一步。

四、挖掘身体智慧，发现并释放内在潜能

要实现梦想，最关键的是持续不断地坚持和努力。

一次在周玟汐老师的舞蹈工作坊中，学员们玩了一个"老鹰抓小鸡"的游戏。在游戏里，我扮演的是老鹰，我和母鸡周旋了很久，满场大幅度奔跑，却一直没有抓到小鸡。周老师提醒我要注意手部动作："你没有真正做出'抓'的动作。"听了她的话后，我在第二轮游戏时，果断地找准空档，快速出击，没想到三两下就抓住了小鸡。从这个游戏中，我体会到在有些时候，我完全可以像"老鹰"一样，机敏且有力地主动出击，抓住自己想要的东西。

接下来，我又扮演了母鸡的角色，老鹰由一位身材高大健壮的女士扮演。我被她的身材吓到，瞬间觉得有些没信心。游戏开始后，我张开双手，一股母爱从心底涌起，机敏地挡住了"老鹰"的每一次袭击。那一刻，我深刻地感受到，当我与

爱产生共鸣时，能够释放出更大的能量！

游戏结束后，周老师让我们在教室内找到自己认为最舒服的地方，放下所有评判，然后自由跳舞。开始时，我很想大跑、大跳，但因为教室里有其他学员，我担心会打扰到他们，最后选择了轻快的小步跑动。

课间休息时，我跟周老师说，自己其实很想跑，但又怕影响别人。周老师跟我说："为什么害怕呢？"我说："怕不文明、怕没有礼貌。"她接着问："如果用一个词来形容'文明'，你会用哪个字？'淑女'如何？"虽然我不太喜欢被这样形容，但这句话还是触动了我。她进一步问道："这样做能给你带来什么？"我回答："为他人着想。"她接着说："我的课堂没有这种规则，如果让你再次选择，你会做什么？"我说："我想问问同学们是否介意。"

休息结束后，当我按照周老师的引导，问大家是否介意我大跑大跳的行为时，大家竟然没人反对。我开心雀跃起来，嗖地一下冲了出去。结果，速度过快，身体没跟上，摔倒在地，膝盖狠狠撞上了地面，身体滑行了足足一米。摔倒后，我站起来虽然膝盖疼痛，但全身的感觉却感到极为舒适。

周老师跟我说："刚才你冲出去时，我感受到了你强大的力量。"我意识到这股力量平时总是被我压抑着，猛地释放出来，身体有些不适应，导致了摔倒。

过去，我常常处于一种向后缩的状态，导致我在工作和生活中容易被他人影响，自己的想法也没有及时表达和付诸行动。通过那次活动，我意识到潜能往往隐藏在我们身上，但我们却没有看到它，限制了它的发挥。

从迷茫和内耗到不断突破自我，我终于成为一名舞蹈教练，带领 30 多位零基础成人开启了舞蹈之旅。在这一过程中，我不仅帮助他们放松减压、增加自信，还帮助他们在舞动中发现更好的自己。我在实践梦想的过程中，找到了理性与感性的平衡，让自己活得更加自由与真实。这种平衡让我学会了调动身体的智慧，接纳自己和他人，灵活应对不同的挑战，收获宝贵的人生体验，学员们的反馈让我感到非常欣慰和满足。

在成为舞蹈教练的过程中，我发现舞蹈不仅能激发个人和团队的潜能与创造力，还能促进人际关系的改善，甚至推动组织变革。走在热爱的路上，我将继续与更多人一起，以舞蹈为焰，点燃内心的光芒，享受生命的飞跃，将舞蹈的力量带到更广阔的领域。

第 3 章

培养深度思维

在职业生涯中,低谷常常是人们必须面对的难关。它让我们开始怀疑自己的能力,对未来的方向产生迷茫。然而,正是这些低谷时刻,为我们提供了成长与转变的契机。尤其是当经历突如其来的变动或冲击时,我们更能从中发现深层次的内在潜力。面对这些挑战,一部分人会陷入自我否定的泥沼,认为自身再无崛起之力;而另一部分人则借助深刻的反思以及外界的支持,寻得重新定义自我的机遇。就像许多身处职场低谷的人,尽管历经失落与不安,但最终凭借内心的觉察与外界的引导,迈向了新的人生阶段。这一历程,表面看似充满困难与挣扎,实则是突破自我局限、重拾自信的开端。

对于那些正处于职业低谷的人来说,真正的突破并不在于逃避困境,而是在于直面内心的恐惧与不安。通过自我反思、深度思考以及积极行动,逐步探寻到属于自己的方向和价值。本章将深入探讨如何运用深度思维,突破职场困境,并在低谷中寻觅新的可能性。通过直面内心的挑战,摆脱对外界评价的束缚,重新审视自我,迎接未来的机遇与挑战。

> **教练爱米粒**：本科毕业于北京语言大学，研究生毕业于新西兰奥克兰理工大学；曾在大学担任公共外语教师，前世界 500 强企业高级运营专家，创业公司产品经理，国际高中管理职及青少年一对一教练；擅长打造良好的家庭教育生态及找到自我成长动力；微信 mmloveyyever。

3.1 突破职场困境，重拾自我价值

在人生的旅程中，我们常常经历高峰与低谷。即便在阳光灿烂时，也难免遭遇低谷。这些低谷可能源于职场的变动、意外的打击或是迷茫，它们往往伴随着质疑与恐惧——"我还不够好吗？""未来还会有机会吗？"然而，经历过低谷的人会发现，低谷其实是蕴藏着成长潜力的沃土。

在我的职业生涯中，我经历了两次严重的低谷。这两次低谷不仅改变了我的心态，还让我发现了自己内在的力量，重新看到了未来的可能性。

一、从"被嫌弃"到"重拾价值感"

在成为自由职业者之前，我曾在一所国际中学承担教务、

信息管理以及家校服务等多项工作。回想起那段时光，45岁的我能找到这样一份既符合能力又相对稳定、收入不错的工作，感到非常满足。那段时间，我付出了巨大的努力，也取得了较好的成就。

有一年，我有幸成为学校九年级六个孩子的成长陪伴教练。当时，我发觉自己的状态并未达到预期。在学校放假前夕与孩子们进行复盘时，我不禁流下了眼泪，深感自己在对他们的支持上还有诸多不足。尽管心中并不乐意接受这个日渐疲惫的自己，但我仍觉得自己如同一位英雄般在奋斗。然而，回想起过去的职业历程，我意识到自身总是过于依赖热情与情怀来支撑工作，却忽略了背后更深层次的因素。

到了2023年9月，学校领导进行了一次重大的调整，来了一位新的副校长。校长、副校长让我和团队成员一起开会，两位校长对我和团队成员的工作提出了严厉的批评，认为我们的工作缺乏专业性，问题多而成就寥，甚至认为我们不必自我感动。这些话如同一场突如其来的地震，在我内心深处激起了巨大的波澜。我瞬间感到愤怒、委屈、畏惧和自卑，整个人陷入了迷茫之中。特别是在第二次会议上，当他们对我们再次批评时，我无法再控制自己的情绪，愤怒和羞耻感随之爆发。我开始怀疑自己，觉得过去那些让我骄傲的成就仿佛在那一刻被彻底清零。

带着这份强烈的情绪波动，我找到了比较信赖的教练June寻求帮助。她耐心地听完了我的倾诉后，并没有急于安慰我，而是引导我调整呼吸，帮助我平复情绪。接着，她给我提出了一个令我深思的问题："如果我们回到当时的会议现场，你站在空中俯瞰你们三个人，你能看到自己的真正需求是什么吗？"通过这种独特的视角转换，我看到了自己对"人"和"情感"的过度依赖，以及与副校长、校长之间冲突的根源——我们对"事情"和"情感"的关注点截然不同。我开始尝试理解他们的需求，同时也意识到自己过去确实忽视了自己的需求。通过那次对话，我不仅学会了正视自己的情感需求，还学会了如何换位思考、理解他人。在June的悉心引导下，我找到了真正的自我：一个勇于面对挑战、追求"事情"本质的自己。

二、直面职场低谷，重建自信

June还引导我回顾过去的经历，并鼓励我列出所有曾让我感到骄傲的时刻。起初，我发现很难回忆起具体的例子，但随着对话的深入，那些曾让我充满成就感的记忆逐渐浮现——当团队遇到瓶颈时，我的决策往往能帮助大家迅速走出困境；也曾有下属因职业迷茫而寻求我的指导，在我的帮助下，他带着积极的情绪重新找回了行动力。这一过程不仅帮助我重新建立了对自己的信心，也让我更加明确了自己所追求的目标，让我看到了自己的价值不仅体现在完成工作任务和学校目标上，还体现在了如何影响和支持身边的人。

在后面的沟通过程中，教练还提出了一个问题："这些成就，真的会因为某个领导站在自己立场上，基于纯粹的工作需要做出的一些决定而消失吗？"这个问题揭示了我内心的盲点。原来，我对自己的否定，并非因为失去了能力，而是因为我过于依赖外界的标签来定义自己。那次对话之后，我开始重新思考：除了职位之外，我还能依靠什么来证明自己的价值？答案显而易见：我的能力、我的努力以及我的经验。

第二次低谷发生在一年后，经过上一年与教练的积极学习和调整，我的状态逐渐稳定，工作也越来越得心应手。原本以为，我会稳步前行，迎来可预测的退休生活。然而，一个裁员通知打破了这一切。这一次，不再是职位调整，而是彻底地离开。

当校长告诉我这一消息时，我理解学校因资金原因必须进行裁员，而且像我这样年龄较大、非核心岗位的员工，做出调整是合情合理的。我的情绪虽然没有表现得特别强烈，但这个消息仍然让我对未来感到恐惧。我不敢第一时间告诉家人，也不愿面对同事的目光，因为无论理由是什么，我终究是被淘汰了。

幸运的是，这一次，我不再是那个完全"过度自责"的我。我非常清楚，我需要积极向前看，主动寻求帮助，去除那些恐惧。

这一次，我找到了另一位教练，并购买了她的六次教练对话服务。至今，我仍记得第一次与她对话的情形。

教练先问我："此刻的你，最害怕的是什么？"

"害怕职业生涯结束。"我刚说完，眼泪便开始涌上眼眶。

"那么，除了害怕，你还感觉到了什么？"她继续问道。

我沉默了许久，挤出一句话："我觉得自己失去了对生活的掌控。"那一刻，我意识到，焦虑的根源并非失去了工作，而是觉得自己失去了对未来的主导权。

教练并没有直接告诉我应该怎么做，而是引导我进行了一项练习：写下过去五年中让我感到骄傲的所有高光时刻。这些成就不仅限于工作，也可以是生活中的事情。我开始在笔记本上写下：

- 18 岁时，我是小镇的文科状元，考入了心仪的大学；
- 24 岁时，我独自接受了为公司追债的重任，在债务人的工厂住了一个多月，最终成功追回了 150 多万元的欠款；
- 随后几年，为了平衡工作与家庭，我坚持每天凌晨 4 点起床工作，这样白天就能有更多的时间陪伴孩子；
- 42 岁时，我鼓足勇气辞去了工作，开始自学雅思，并凭借优异成绩申请到了国外大学的硕士学位……

当我写完这张"成就清单"时，我惊讶地发现，我的成就不仅仅局限于某一份工作，而是更多地体现在丰富的经历、不断提升的能力以及我对他人产生的积极影响上。这时，教练又问了我一个问题："如果这次裁员是一份礼物，你觉得它可能会为你的未来带来什么？"

我当时听到这个问题时有点不解，教练让我回去想一想。

经过一夜的沉思，如果这次裁员是一份礼物，或许是一个重新出发的契机，一个尝试新职业方向的机会。

后来，我与教练又深度交流了五次后，48岁的我决定重新规划我的下半生，也意识到每一次低谷都是一次重新起步的机会，只要我们愿意去观察、去思考、去行动。

三、心态的蜕变是飞跃的起点

若要总结教练对我的影响，我认为教练的作用并非直接给出答案，而是引导我找到属于自己的解决方案。他们在这一过程中帮助我完成了以下三件重要的事情：

1. 认清并克服自己的盲点

在第一次遇到低谷时，我将问题简单归咎于自己能力的不足。教练的引导使我看到了更深层次的问题——我过分看中外界的评价，忽视了自身的内在价值；教会了我如何以更加客观的视角去审视事物，全面地看待问题，找到了在工作中有效分离情感与任务的方法。

当我意识到这一点时，我开始主动关注并发挥自己的优势和特点，而非盲目追求外界的认可，而是更加专注于提升自己的专业能力和团队的整体价值。

2. 打破负面循环，重新定义困境

当我听到中年裁员的消息时，我的内心充满了对未来的恐惧和不安。教练引导我从不同的视角去看待这一问题，让我明白这一问题并非生活的终点，而是一个新的转折点。只要调整好心态，就能从危机中发现新的机会。

3. 学会与内心对话，探寻真实的自我

在人生的低谷时期，我意识到一个被我忽视的问题：我很少真正倾听自己内心的声音。教练的对话如同一面清澈的镜子，帮助我映照出内心深处的真实想法。例如，在经历裁员后，我开始反思："如果工作不再是我生活的唯一，我剩下的还有什么？"随着与教练对话的深入，我逐渐察觉到自己内心真正渴望的是一种自由——这种自由不仅是摆脱职业的束缚，更是能够依据自己的兴趣和价值观去生活。

于是，我开始尝试写"丰盛日记"，每天花15分钟记录当天的收获、感恩和内心的感受，以无评判的态度写下我的思考。几周后，我更加确认了自己真正向往的是追求一种自由

的生活方式，一种可以随心所欲、听从自己内心声音行动的自由，而非仅仅依赖外界的认可来确认自己的价值。

4. 行动胜于恐惧，勇敢迈出步伐

在低谷中，最令人畏惧的是被恐惧所笼罩，失去了行动的勇气。然而，教练让我明白，走出困境的唯一途径就是采取行动。哪怕进展再微小，每一步前行都会让我积累起信心。

我开始更新简历，主动联系曾经的同事寻求机会，参加了几个充满活力的社群，向年轻人学习他们的生活态度和生活追求。后来，我发现了一个叫"自由人生教练"的平台，在这个平台中，我与许多充满正能量的伙伴一起探索个人品牌的建设及其商业化路径。渐渐地，我的担忧和恐惧被对目标的追求和行动的力量所代替。每一次行动，都让我离梦想更近一步。

四、重新认识自己

过去，我总认为稳定是安全感的来源，外界的认可是自己价值的体现。经过两次低谷的冲击，我意识到，真正的安全感来自内在的能力、韧性和对未来的掌控力。

在这个对抗低谷的过程中，我还发现自己在写作和分享知识方面具有一定的优势，这让我更加热衷于内容创作和分享。通过文字和经验，我连接到了更多的人，也让我明白了几个重要的道理：

1. 重塑自我定义

许多人习惯通过职位、头衔和收入来定义自己,而一旦这些外在的标签被剥离,我们往往会感到迷失。然而,真正的自我价值并不依赖于这些外在的东西,而是源自我们内在的能力和信念。通过教练的引导,我重新定义了自己的身份——不仅仅是某个岗位的负责人,而且还是一个拥有创造力和韧性的人。

2. 与情绪共存,而非抗拒

低谷中的负面情绪是无法避免的。恐惧、焦虑、愤怒,这些情绪时常涌上心头,让我感到无力。然而,教练教会我,不应压抑这些情绪,而是要学会与它们共存。通过书写、对话和深呼吸,我学会了将这些情绪转化为内心力量的一部分。它们不再是我前进的阻力,而是我成长的基石。

3. 采取行动,找到突破口

无论情绪多么复杂,真正让我们走出低谷的始终是行动。哪怕是最微小的改变,都会为我们打开突破的机会。通过列出清单、设定目标、迈出第一步,我发现这些简单的行动帮助我逐步恢复信心。每一步,都是走向光明的起点。

4. 将危机视为礼物

如果我们愿意从另一个角度看待低谷,就会发现低谷让我们停下脚步,重新审视自己的目标,进而找到更符合内心的方向，发现职业之外的热情和潜力，开启新的可能性。

低谷是成长带给我们的礼物。回望这两次职业低谷，它们让我明白，人生的高峰并不是靠避免低谷来实现的，而是通过一次次的挫折和反思逐渐积累起来的经验来跨越高峰。或许，当我们从另一种视角重新审视自己时，答案会比我们想象得更加美好。

> 蓉蓉子：毕业于山西太原理工现代科技学院，现任企业项目总监；拥有 PMP&ACP 项目管理认证，曾带领 50+ 团队服务超豪华品牌完成从 0 到 1 全域数字化体系搭建；擅长产品设计、项目管理、团队管理；取得人生教练 lifecoach 平台认证，旨在帮助更多的职场人和自由人打造小而美的产品，构建极简的创业模式；微信号 LR-199203。

3.2 建立产品思维，突破职场迷茫

在职场深耕多年，你是否感觉"被困住了"？

每天机械性地完成任务，却看不到工作的终点在哪里；

遇到职场瓶颈想要转型，却不清楚自己有哪些核心技能可以快速迁移；

想要探索职场之外的更多可能性，却迟迟没有明确方向，也没有行动；

虽然脑海中充满了无数创意，但不知道如何将它们付诸实践，转化为真正的产品。

如果你正在面对这些问题，不妨尝试一种新的思维方

式——将自己视为一款"产品",用产品思维来规划职业发展,突破迷茫。

一、发现职业方向

2023年底,我深陷严重的职场倦怠,对生活的意义产生了深深的怀疑。尽管从外界看来,我的生活似乎完美无缺——工作上表现出色,年薪令人羡慕,生活中也能轻松收获快乐。然而,我的内心却充满了空虚感:"这是我真正想要的人生吗?""我的存在究竟有何意义?"这种虚无感让我对一切都提不起兴趣,甚至无法感受到真正的快乐。

我曾一度想过放弃一切,重新开始我的人生旅程。但我又担心,一旦失去了工作和社会赋予的角色,我是否会失去存在的价值?是否还会有人爱我?我是否变得不再重要了?

直到一次偶然的机会,我了解到一位朋友组织了"重启人生"训练营。我带着好奇心,参加了这个营的活动,从中受到了很大的启发。特别是播放日剧《重启人生》时,女主角的故事让我感到无比羡慕。后来,我前往大理,参加了一场森林疗愈冥想的活动,希望能够找到内心的平静和答案。

疗愈之旅结束后,我写下了这段内心的独白:

"其实我不愿承认的是,长久的自我压抑让我活成了'空心人'。在这个追求效率至上的时代,我努力成为对社会有用的人,却忽视了自己的感受。我的身体和内心仿佛被我长久地抛弃了。我就像一座积满灰尘的家,虽然所有家具都在,但失去了温暖和生命的迹象。"

那天,在大理的森林中,我感受到了久违的宁静与和谐。躺在阳光洒满松针的土地上,我第一次如此细腻地感知到了自己、风以及这个神奇的宇宙。我忽然明白了,我本是大地的孩子,拥有享受一切的资格。我可以随意地休息和放空自己,什么都不做也不需要任何理由。因为存在本身就是一种美好。

原来,我已经足够好了。我所拥有的已经足够多了。叶子和金子同样珍贵。我学会了原谅自己做错的事、错过的人。我允许自己软弱、害怕,因为生命的每一步都是惊喜。我深深地爱着自己,也深深地爱着这个宇宙。

这是我第一次与自己进行深度对话。我相信,有很多职场人跟我一样,很少停下来与自己对话。其实,我们都应该问自己几个关键问题:

- 你现在做的事情是发自内心想做的吗?
- 如果做这件事没有回报,赚不到钱,你还愿意继续吗?
- 如果财务自由了,你还会选择做这件事吗?

如果你的答案都是"是",那么恭喜你,你现在所做的工作就是你的热爱！但接下来，你需要进一步思考：离开这家公司后，这份热爱是否还能继续为你创造价值？

如果你的答案中有"不是"，也无须担心。事实上，世界上有95%的人在做着自己不喜欢的工作。这时，你需要打破职业迷茫，建立产品思维，重新规划自己的人生。

那么，什么是产品思维呢？简单来说，就是将自己视为一款产品，对其进行全面的规划和设计。就像产品需要解决特定需求，创造独特价值一样，你也需要思考自己的核心优势，并利用这些优势打破职业瓶颈，探索新的可能性。

产品思维是一种方法论，旨在将自我、技能、服务或理念转化为市场价值。这种思维方式不仅适用于产品经理，也适合每一个渴望突破职业迷茫的人。在生活或职场中，我们可以视自己为"人生的产品经理"，而身边的人——同事、领导、客户等，则是我们工作的用户。产品思维的核心原则包括：

- 用户导向：明确目标用户，了解他们未被满足的需求。
- 快速验证：通过快速推出最小可行产品（MVP），在实践中找到正确的方向。
- 迭代优化：根据反馈不断优化，形成独特的价值。

总结来说，产品思维的底层逻辑是从发现问题到解决问题的过程。在此过程中，我们需要不断迭代优化自己的思维方式和工作方法。

二、如何用产品思维突破职业迷茫

在超十年的职场生涯中，我历经互联网大厂、创业公司和独角兽企业等不同工作场景，完成了从运营、产品经理到解决方案专家，再到项目总监的职业转型。每次职业转型，都离不开产品思维潜移默化的影响。

当感到职业迷茫时，我们不妨从以下两个方面进行反思：

- 反观自身：发生了什么？此刻的感受如何？我有哪些未被满足的需求？
- 探寻根本原因：可能是工作中无法获得真正的价值，或者我们不清楚自己的核心优势。

在这个过程中，我们需要不断自我觉察，以找到职业迷茫的根本原因。产品思维中的本源思维尤为重要，能让我们透过现象看到真正的问题，并加以解决。

一旦找到问题的根源，接下来就是探索自己真正的热爱。你可以问自己："你想成为怎样的自己？想过什么样的生活？如果不考虑时间和金钱，你会做什么？"这是产品思维中的终局思维，即从终点开始构建自己的人生蓝图。

然后，通过SWOT分析（优势、劣势、机会、威胁）等方式进行自我认知，寻找那些你做起来轻松，或者容易进入心流状态的时刻和事件。同时，回顾过去的高光时刻，总结成功经验，提炼出核心优势。

为什么核心优势如此重要？因为无论是突破职场瓶颈，还是进行职业转型，核心优势都能帮助我们形成独特的竞争壁垒。

人生蓝图帮助我们明确目标和方向，而核心优势则让我们清楚自己所拥有的资源。明确了"我要什么"和"我有什么"，我们就能倒推自己需要做哪些提升。

1. 小步试验，积累进步

在提升过程中，可以采用产品MVP（最小可行产品）思维，即从小处着手，逐步尝试。如果发现自己职业迷茫的深层原因是缺乏自信，那么可以尝试每天写感恩日记，记录自己做得好的地方。通过与自己对话，逐步觉察自己哪些方面做得好，哪些方面还需要优化。

2. 关注他人需求，优化职场关系

在职场中，我们需要关注与他人的关系。我们的"用户"可能是领导、同事、客户等，了解他们的真实需求至关重要。只有真正了解他们的需求，我们才能获得真实的反馈，并优化工作方式。比如，当发现与领导或客户的关系难以处理，且工作成果总不尽如人意时，我们可以尝试分析他们的核心需求，特别是他们关注的细节。根据这些需求调整我们的工作方式，提供切实可行的解决方案。

在职场中，成功的产品往往需要跨部门、跨领域的合作。因此，我们还需要培养合作思维，学会倾听不同部门的声音，整合各方资源，以推动项目进展。同时，建立良好的人际关系网，关注他人感受，与同事、客户建立情感连接。这不仅能提高工作效率，对职业发展也有很大的帮助。

3. 持续自我迭代，保持好奇心

根据他人的反馈，我们可以不断自我迭代和优化。保持好奇心和学习的态度是职场人的重要素质，比如提升自己的专业技能，比如学习新的工具和方法，在提高工作效率的同时也为自己寻找更多的可能性。

三、突破职业瓶颈

首先，找到自己真正热爱的事情。这件事可能是你业余时间最喜欢做的，或者是你一直想尝试的新领域。热爱是我们行动的原动力，能让我们在做事时进入"心流"状态，达到最佳表现。就像我自己，在经历了职业倦怠后，最终发现我的热情是成为定制产品设计教练和快乐星球主理人。

如果你也想找到自己的热情，可以问自己以下几个问题：

- 哪些事情你能轻松完成，而别人却觉得很难？
- 如果让你今天分享一个主题，什么是你最有信心分享的？

- 做哪些事情会让你感到特别有成就感？

这些问题的答案往往能揭示你的独特优势和核心技能，它们藏在你日常的工作和生活中，关键是要发现它们，并善加利用。确定了热情所在，接下来你需要制订职业第二曲线蓝图，明确目标市场、目标客户以及能提供的独特价值。这时，你可以花些时间深入思考：为什么要做这件事？实现后，你会成为什么样的人？

在这个过程中，你可以通过潜能优势测评等工具，客观地了解自己的优势。如果觉得缺少某些技能，可以快速学习起来。

任何产品都有目标用户，你的职业第二曲线也不例外。要明确你的用户是谁，可能是身边的朋友、潜在合作伙伴或其他需要你服务的人。你可以这样问自己：

- 谁会愿意为我的技能或知识买单？
- 他们面临的核心痛点是什么？
- 我的优势如何帮助他们解决问题？

结合自己的热情、优势技能以及新技能，找到突破口，制订清晰的蓝图，这样可以帮助我们在开启第二曲线的过程中少走弯路。

有了清晰的蓝图后，接下来就可以进行小步尝试，打造一个小而美的产品。很多人可能会认为小而美的产品市场小、受众少，也有人会觉得自己没有足够的专业能力去设计。但其实，小而美并非指市场小，而是专注于细分市场，满足特定群体的需求，并通过出色的客户体验吸引用户。

举个例子，我这里设计了一个最小可行性产品：

- 总结自身优势与技能：我拥有超过十年的互联网产品设计经验，具备教练技术，持有PMP与ACP项目管理认证，并在中大型企业有项目管理经验。我的目标用户是30~35岁在职场上迷茫的人群，旨在帮助他们挖掘自身优势，解决职场中的瓶颈问题。

- 结合用户需求设计简约产品：我设计了一个线上私域社群，提供的社群服务包括潜能优势测评、教练对话，以及与来自不同国家和职业的同路人交流。

- 快速验证市场反应：我在3天内搭建了社群产品模型，并在一周内招募了50多位体验官。一个月内实现了1万元的收入，这快速验证了市场需求并收集了大量用户反馈。

- 迭代优化产品：通过社群运营，我发现许多人在面对如何开启职业第二曲线时缺乏明确方向。因此，我结合产品设计、教练共创和项目管理方法，推出了定制产品咨询服务，以帮助更多人打造属于自己的小而美产品。

在设计小而美产品时，我们可以通过以下步骤来完成：

（1）列出自己的优势和技能，思考这些技能能解决哪些问题。

（2）根据用户的需求和痛点，设计简单的产品（如在线咨询、线上课程、实用工具等）。

（3）利用社交媒体或朋友圈进行测试并收集反馈。

（4）根据反馈不断优化和迭代产品。

在产品设计过程中，可以使用精益产品画布帮助梳理思路，明确以下关键点：

- 客户细分：我能帮谁解决问题？他们面临什么挑战？
- 核心资源：我拥有哪些资源？
- 价值主张：我的愿景和使命是什么？
- 解决方案：我如何提供帮助？
- 渠道：我通过哪些方式接触用户？
- 重要伙伴：谁能成为我的助力？
- 成本结构：我需要承担哪些成本？
- 收入来源：如何设定定价模式和盈利模式？

在实施过程中，我们可能会遇到一些挑战：

（1）时间管理的挑战：如何平衡工作与职业第二曲线的时间分配是一个重大挑战。时间背后是精力的投入，而精力的分配又反映了内心对事物的排序。

（2）心力不足的困境：初创"快乐星球社群"时，我担心服务不够完善，因此过度投入，却忽略了最初创建社群的初心。后来，我意识到问题后，就按照最舒适的节奏与客户互动，保持内心的平静与自在。

（3）面对被拒绝的痛苦：我曾极度害怕被拒绝，尤其是推出自己的产品时，客户的拒绝让我倍感沮丧。但通过自我觉察，我学会了平和地接受拒绝，明白这是正常的，只是暂时不需要而已。现在，我更能勇敢地拒绝不适合的客户，并在合作中坚定地表达自己的想法。

职业第二曲线的道路并非一帆风顺，但每一次挑战都是成长的契机。我们需要坚持初心，相信自己，勇敢迎接挑战。每一步的进步都是通往成功的坚实基石。

（4）寻找同路人与建立支撑系统：在做职业第二曲线的过程中，我们可以寻找志同道合的人，靠近高能量的伙伴，不断学习，建立自己的支撑网络。无论是自己的私域社群，还是加入一个良好的平台，都能助力我们成长。

（5）职业迷茫与产品思维的连接：职业迷茫的本质是对自我价值的模糊认知和市场需求的脱节。具备产品思维，就可以连接这两者，突破职业迷茫外还能创造出独特的产品，开启一段小而美的事业之旅。

（6）用热爱与专业创造未来：用热爱实现自我，用专业成就他人，未来掌握在我们手中！

- 自我提问:"我能为谁解决什么问题?"
- 设定目标:3天内设计出一款简单的个人产品。
- 市场测试:勇敢地发布到朋友圈或社群,测试市场反应,收集反馈。

只要我们迈出第一步,行动起来,成功便指日可待!

> 张薇，28年跨国企业职业经理人，拥有丰富企业内部0-1新业务开拓、搭建、交付和运营创收闭环经验；现从500强上市公司高管裸辞创业，转变为一名"一人社会企业"孵化教练，通过1对1教练对话，提炼种子客户画像，洞察种子客户痛点，设计最小可用提案，以及通过陪跑教练形式共创最小新品类业务单元，实现商业闭环；微信号wwfg_Andrea。

3.3 打破思维局限，发现人生新的可能

2018年，我46岁，刚从一家500强上市公司辞职，决定从香港搬回上海照顾父母。峰是我高中时的好朋友，他那时正在创业。当我跟他说想创业时，峰说："你回上海创业？我看还是算了吧，毕竟你已经离开上海20多年了，根本不熟悉上海的商业环境，说话又直，不懂得变通。我劝你还是找个安稳点的工作吧。"

一、找到属于自己的事业

峰的这番话，虽让我听着不太舒服，却在某种程度上警

醒了我。于是，我暂时放弃了创业，找了份工作，过上了安稳日子。周一至周五上班，中午能吃到母亲做的可口午餐；周末陪父母在附近散步、逛街，尽享天伦之乐。回想起来，那段时光对很多人而言或许平淡无奇，对我却意义非凡。谁都没料到，那短短一年零三个月，竟是我与父亲共度的最长时光。

但其实，我内心对创业的渴望从未熄灭。有一天，我突然下定决心："若这一生注定要创业一次，那就是现在。"于是，创业的念头再度涌上心头。就这样，我加入了羲海一人社会企业群落，在那里度过了四年零七个月。如今，我已成为羲海群落的一人社会企业创建者和孵化教练，专注于助力女性创业者，尤其是那些追求社会价值的女性，帮她们打造"真正能帮助他人"的事业，实现商业闭环，让她们得以自食其力。

回顾这一路走来，若问我做对了什么，我的答案主要有两点：

其一，找到了与生命紧密相连的事业。当所从事的事业和自身生命深度契合时，内心会更加坚定，目标也更为明确，能不断战胜困难。反之，若事业无法与生命产生共鸣，便很难找准方向，也难以降低"不确定性"。在羲海一人社会企业群落期间，我参与了十多个孵化项目的研发，深度参与两个重点项目从 0 到 1 的孵化阶段。那些年，我全身心投入，却仍未真正找到属于自己的事业。直到有一天，我忽然意识到，使命往往源自帮助曾经的自己。

其二，解决一个切身关注的社会问题。若能解决与自己密切相关的问题，创业成功的概率会大幅提高。我的创业故事，始于 2022 年底。母亲的一通电话，让我的世界瞬间崩塌："你父亲右脚动不了，医生说是脑瘤，需要做开颅手术。"最终，父亲被确诊为肺癌，癌细胞已全身扩散。手术后，父亲留下了偏瘫和语言障碍的后遗症。后来，父亲病情恶化，我几近崩溃，无助、内疚、恐惧等情绪交织在一起。

后来，我决定创建一人社会企业"薇薇发光"，专门为癌症晚期女性家属，尤其是独生女儿家属提供支持，让她们像我一样，熬过艰难时刻。

父亲去世后的第二周，我投身于羲海一人社会企业群落的孵化项目——"煖煖善终"，继续支持更多癌症晚期女性家属。在过去一年零三个月里，我为 300 多位女性家属提供了帮助。这个过程让我真切体会到，什么才是与生命相关的事业。

每天，我都会通过公域媒体平台收到女性家属的求助。不管她们是寻求情感支持、情绪倾诉，还是资源帮助，我都全身心地倾听，帮她们梳理思绪。

创业之路充满艰辛，但正是在帮助他人、服务他人的过程中，我真正找到了属于自己的事业。记得有一次，一位家属深夜求助。她接到医院打来的电话，正匆忙赶往医院，让我别挂电话，一路向我倾诉，希望我能帮她平复情绪。"我到了，现在上楼去了，我先挂了，你可以等我吗？"抵达医院后，她给我发了短信，"父亲还好，我今晚会留在医院陪他，很晚了，你也休息吧，明天再联系。"那一刻，我深深感受到自己在服务中的价值体现。这份价值，既是对未曾谋面的她匆忙奔赴父亲病榻的关切，也是对她父亲即将见到女儿能安心的期盼。

每一次服务，我都能感受到内心的力量，激励着我去帮助那些曾身处困境的女性家属，尤其是独生女儿，为她们提供情感支持，助力她们实现为亲人善终的心愿。在她们遭遇"想做却做不到"和"身边无人商量"的困境时，希望她们能感受到我的陪伴，在我提供的支持中重拾心力，感知家人给予的生命礼物，实现生命觉醒与自我成长。这些经历让我确信，我找到了属于自己的事业。

回顾创业历程，我常思索：为何我要做这件事？它与我的生命有着怎样的关联？答案不言而喻，当事业与个人生命紧密相连，内心会充满坚定，目标清晰明确，足以跨越重重障碍，持续前行。

若你也想找到属于自己的事业，不妨从以下角度探索：（1）回顾从小到大在生活、学习、工作、活动中的经历，是否有令你印象深刻的时刻？（2）这些时刻带给你怎样的感受，对你产生了何种影响？（3）是否存在别人觉得棘手，你却能轻松应对且做得更出色的事情？（4）若自己难以察觉，可向家人朋友请教，他们的反馈或许能给你启发。（5）你是否特别关注某类受困人群？为何会关注他们？（6）你曾为这些特定人群做过什么？是免费提供服务还是收费形式提供服务？（7）你是否想将此事作为主事业，全身心投入？

二、从个人困境到社会价值

"我认为你们所做的事情意义重大！过去几年，我留意到尽管每个人面临的困境各不相同，但其底层逻辑却存在诸多相似之处。倘若能有更多的一人社会企业涌现，便能惠及更多的人。"Jacky 是这样评价我们的工作的。

Jacky 通过李一诺的直播《做自己——生命之河的摆渡人》知晓了我们的项目。在那场直播里，我所陪跑的一人社会企业创建者玲姗分享了自己的创业经验。玲姗作为嘉宾详细讲述了一人社会企业的模式和价值，Jacky 听后对我们所做的事情深表认同。他说："在当下网络时代，个体的自由度日益受到重视，特别是随着 AI 技术的兴起，每个人都有机会充分发挥自身特长，无须再局限于成为大组织中按部就班的螺丝钉。"

Jacky还说："一人社会企业聚焦社会议题，这使其具备更为长远的发展潜力。"与Jacky深入交流后，我越发清晰地认识到，一人社会企业的发展，关键在于每位创业者都应从自身深切关注的问题入手，积极探寻解决方案，如此方能拥有更强大的动力去践行自己的使命。因为只有当创业者对所解决的问题感同身受时，才会在面对困难与挑战时，始终保持坚定的信念和不懈的努力。

那么，如何开启属于自己的一人社会企业探索之旅呢？可以参考以下几个关键步骤：

（1）深度自我对话：当你在媒体上频繁看到一些问题时，内心是否会涌起"我们该如何解决这些问题"的强烈冲动？你是否萌生出尝试不同方法、探寻更有效解决方案的想法？仔细思考这些想法的根源，是某个具体事件的触动，还是受到了某个人的启发？通过深度剖析自己的内心想法，能够精准定位你真正关心且愿意为之付出努力的事情。

（2）立足身边行动：无须等待所谓完美的时机，也不必追求大规模的运作。真正的行动应从帮助身边的人开始，逐步积累实践经验。在这个过程中，你能够切实了解受困者的需求，不断优化自己的解决方案，为未来更大规模的行动奠定坚实基础。

（3）切实创造价值：无论是采用收费还是免费的方式，核心要点在于切实帮助那些身处困境的人，让他们在寻求帮助的过程中，真切感受到你为他们创造的实际价值。这种价值可能体现在问题的解决、生活的改善，或者心理上的支持与慰藉等方面。只有为他人创造了价值，你的一人社会企业才具备存在的意义。

（4）做好记录分享：利用镜头或文字详细记录下你的行动过程，通过分享这些经历，吸引更多志同道合的人投身到这项事业中来，从而扩大一人社会企业的社会影响力。每一次的记录和分享，都是一次传播理念、凝聚力量的机会，能够让更多人了解并参与进来。

（5）强化社交互动：积极参与各大社交平台，与关注者保持密切互动。在互动过程中，建立起彼此的信任，增强用户黏性，使自己成为激发更多人关注社会问题并付诸行动的动力源泉。通过社交平台的传播力量，将一人社会企业的理念和实践扩散到更广泛的人群中，引发更多人的共鸣与参与。

这些步骤并非孤立存在，而是相互关联、相辅相成的。通过一步步实践，你将逐渐踏上一人社会企业的探索之路，为解决社会问题贡献自己的力量，同时也实现个人价值与社会价值的有机统一。

三、爱具体的人，具体地去爱

"我发现，在交流困境时，明显感觉自己能量不足。尽管我能感同身受，却无法有效地支持她们。"这是玲姗在实践"爱具体的人"时遭遇的困境。玲姗于六个月前加入了羲海一人社会企业群落。此前，她因与公司的价值观发生冲突，辞去了工作。然而，30多岁未婚未育的状况使她陷入求职困境，促使她重新思考职业方向。

我初见玲姗时，就感受到她对创业的热忱。她说："离开体制内医生岗位后，我一直在创业公司工作，心中始终怀揣着创业梦想。如果人生只能创一次业，为什么不在此时此刻就开始呢？"这句话让我强烈地感觉到，玲姗的内心呼唤与四年前的我是何等相似。

在加入群落初期，玲姗积极参与各类基础工作，努力熟悉一人社会企业的运作模式。之后，她开始寻找适合自己的方向。

最终，她凭借自身的职业背景，再加上曾面临同样的困境，自然而然地将"帮助30+裸辞备孕女性实现人生转型，走出困境"作为自己的方向。她通过公域媒体平台输出内容，然后组建了一个130余人的"互助群"，接着是深入了解客户需求。

然而，在探索一个月后，玲姗在"爱具体的人"这一环节中遇到了瓶颈。在孵化计划的支持下，玲姗向教练发起了援助请求。在这个过程中，她回忆起自己曾经历的困境："爷爷的离世对家族的家庭关系造成了巨大冲击，长辈们陷入悲伤与愤怒，误解不断，裂痕不断扩大。我深爱我的爷爷，打算一点一点地重建这些关系。我与每一位家庭成员进行深度沟通，每天都在往前推进……"这段经历让玲姗深刻理解了困境中的人们所需要的支持与关爱，也为她的创业实践注入了新的力量。

玲姗如今已成为一位真正的穿越者。她说："当我在社区义务支持那些因家人离世而倾诉悲伤的姐妹时，我没有一丝一毫的心力消耗，反而感受到能量回流，甚至被滋养。"

我知道，她已经找到了答案。行动力极强的她，已经开启了新一轮的探索——这次她关注的是自己一直未曾发现的受困人群——那些想要与母亲修复关系的丧亲子女。

没过多久，她迎来了第一个愿意付费的客户。这一次，她不再说"我做不到"，在一人社会企业陪跑圈中留言"接下来的行动计划是书写、深入联系，可能还需要探讨价格的问题"。她进入了客户风险与产品风险的探索阶段……

在坚守初心的前提下，如何找对人，做对事呢？以下是一些方法：

1. 客户风险—找对人（种子客户）

（1）确定目标客户：你已明确找到想要帮助的人。

（2）客户故事挖掘：有没有令你印象特别深刻的人和故事？为何印象深刻？它与你存在何种特殊关联？

（3）客户画像构建：梳理具体人群的背景资料，包括年龄、家庭状况、过往经历、职业等方面。

（4）剖析需求未满足的原因：你已了解为何他们的需求苦点尚未得到满足，并探索出未被解决的根源。

（5）群体特性考量：这是一个边缘化、非主流群体吗？

（6）出现时间判断：这些人群或问题是近几年新出现的吗？

（7）发展趋势预测：这个问题在未来有发展趋势吗？

（8）验证客户刚需与付费意愿：你已验证客户有刚需痛点，且客户愿意为此付费（最小单元业务）。

（9）客户认知层面：客户是否意识到自己有这一刚需痛点？

（10）需求边界判断：这个需求是否处在客户认知的边界之外？

（11）需求了解程度：你是否比客户更了解他们的需求？

2. 产品风险—做对事（关键业务突破）

（1）关键业务服务交付：针对你的价值主张，你已完成关键业务的服务交付。

（2）市场竞争分析：市场上是否有替代品？为什么客户没有选择它们？

（3）自身独特优势：只有你能解决这个困境吗？为什么是你？

（4）解决方案与目标达成：你的解决方案与种子用户的问题匹配，阶段性目标成果已经达成。

（5）用户裂变效应：你的服务是否能自然引发种子用户的裂变效应？

（6）裂变形式与亮点：具体的形式有哪些？在其中，你看到了哪些亮点？

只有与客户持续互动，才能真正理解他们的需求，进而提供切实有效的解决方案。但需要注意的是，在创建一人社会企业的过程中，从 0 到 1 的阶段难以完全通过计划来推进，要牢记一个重要的假设：解决一个新难题时，往往意味着创新。这种创新无法单纯依靠计划实现，而是必须承认市场变化的不可预见性，切实以客户需求和市场反馈为第一导向，始终保持灵敏的感知和响应能力。只有这样，才能够有效解决"义"和"利"之间的冲突问题。在创业过程中，须保持使命感和责任感，努力成为一位有"义"的一人社会企业创建者。

而这一切的前提是，你必须帮助特定的人群解决他们的根本痛点，从而实现自我成就——通过深入探索种子客户的需求，你极有可能在短时间内成为该领域的内行；通过对一组或更多组种子客户需求的验证，你能够形成结构化的理论，进而明确自己的创新方向；通过关键解决方案的匹配，并交付阶段性的成果验证，你可以实现结构化的创新。

第 4 章

掌控成功心态

在现代社会快节奏的生活中,压力已成为一种无处不在的隐形敌人。职场上紧迫的目标、家庭中多重的责任,以及充满不确定性的未来,让许多人感到焦虑与疲惫,甚至身心健康也受到了影响。然而,压力并非不可战胜,它是一种可以被洞悉、驾驭,进而转化为动力的力量。探索减压与赋能的奥秘,不仅关乎人们身心的放松,更关乎在挑战中寻得内心的平静与生命的意义。这一旅程始于对压力本质的重新认知与觉察——从被动承受转变为主动应对,从迷失自我走向发现内在力量。

如何从繁杂的生活中解脱出来,找回健康与平衡呢?我们可以通过正念练习——觉察身体、情绪和思维的细微变化来进行调节。

> Ella 雪清：大阪产业大学经营学硕士，20 年外贸企业经营经验，ICF 国际 PCC 教练，减压赋能教练，国家二级心理咨询师，累积教练时长 800 小时；擅长正念减压教练咨询，运用教练技术和中医正念减压的方法，帮助有情绪困扰的人群，减轻压力、平衡情绪；微信号 Ella22557。

4.1　学会放松，让改变立刻可见

在生命教练的路上，我始终聚焦于减压赋能，助力那些在职业、家庭等关键领域承受重大压力的客户，尤其是 30～60 岁这个年龄段的人群。他们常常面临职场上的困扰、家庭的重压、人际关系的起伏，甚至在自身或家人遭遇重大疾病时，会感到心力交瘁、身心俱疲、情绪失控，进而出现失眠、焦虑或恐惧等状况。

一、重新掌控生命：减压与赋能

谈及减压，首先要对压力有清晰的认知。你是如何看待压力的呢？它是否让你肩酸背痛、头晕目眩、情绪烦躁，甚至萌生不想继续前行、消极应对的念头？抑或你觉得压力是一种挑战、一次机遇,是自身成长的动力源泉?

人力资源服务商前程无忧发布的《2023职场人情绪状况调查》显示,超半数职场人士表示,2023年自身情绪状况较2022年更差。特别是25～29岁这一群体,因职业和家庭责任加重、环境波动以及职业前景的不确定性,承受着沉重的情绪负担。

此外,《2023年度中国精神心理健康蓝皮书》指出,学生群体的学业和就业压力逐年攀升,心理健康问题呈现低龄化趋势。从小学到高中,抑郁检出率处于较高水平。在成年人中,抑郁障碍终生患病率也不容小觑。

随着社会压力不断增大,各类疾病患病率也在上升,尤其是在压力较大的城市,人们的身体健康问题逐渐凸显。这一切都在警示我们:如何缓解压力,回归健康平衡的生活,成为每个人都必须直面的问题。

回首往昔,我也曾深陷高压生活的泥沼。因压力过大,情绪与健康均出现问题,直至我意识到,压力无处不在,而学会放松才是关键。

回顾我的成长轨迹,大学时期,我的成绩优异,生活波澜不惊,没什么压力。但步入社会后,生活和工作节奏陡然加快。尤其是与丈夫共同创业的那些年,面对每年数百万美元的合同、生产管理、订单执行以及家庭生活的多重压力,我时常焦虑紧张，肩背酸痛，身体疲惫。即便如此，我仍咬牙坚持，心中默念："孩子需要我，工作需要我。"坚持之余，我偶尔通过泡温泉或按摩来缓解压力，而后继续工作。

然而，2008年全球金融危机爆发，我们时刻担忧公司会因亏损而倒闭。我每日的情绪都非常紧张，好在公司一路挺了过来。后来，家庭情况发生转变。老人年事渐高，孩子也需要陪伴，我与丈夫商议后，决定我回归家庭，专心照料孩子和老人。但这一决定让我陷入了无所适从的困境：繁杂的家务琐事令我特别烦躁，工作价值感的缺失也让我倍感沮丧。这种困境致使我的身体和心理状况出现了很大的问题。

在深深的苦闷中，我渐渐悟到一个道理：无论遭遇何种困难，我都必须坚强。从那时起，我开始学习心理学，并考取了心理咨询师和婚姻家庭咨询师的证书。通过不断学习，我不仅实现了自我认知的提升，还改善了与婆婆的关系。2022年，我成功获得ICF国际教练联盟的PCC教练证书，正式开启职业生命教练之旅。除此之外，我还学习了TA沟通分析课程，成为TA应用顾问，还学习了愿景心理学和蜕变式领导力的课程。

2022年底，我报名学习了两年的中医正念减压师资课程。2024年，我获得中医正念减压合格师资认证。正念减压课程让我以更广阔的视角审视生命，认识到顺应自然才是最佳选择。通过持续的正念实修，我逐渐察觉到自身身体和心理的变化，真切感受到生命的喜悦。在此期间，我的教练能力也得到了极大提升，身体状况也显著改善。

历经这些年的探索与实践，我深刻认识到，减压并非仅仅是学会放松，更要通过内在觉察，找寻生活的平衡与意义。我也期望将自身经验与方法传递给更多有需要的人，助力他们走出压力的阴霾，重拾生活的力量与喜悦。

二、转变与复原：正念减压对健康的影响

2024年2月，我的爱人做了癌症手术，并随后开始了四期化疗。那段艰难的时期，我将所学的教练技术运用到为他提供心理支持上，同时鼓励他坚持正念实修。现在他每天至少投入三个小时以上的正念练习。令人欣慰的是，他的健康状况恢复得相当不错。他表示，与生病前相比，焦虑和紧张情绪大幅减少，心情变得格外平静，处理事务更加有条不紊，注意力更为集中，工作效率也有所提高。我的母亲，练习中医正念减压已有一年时间，还积极参加公益读书会。

卡巴金博士在其著作《多舛的生命》中，详细介绍了正念修习的原则与方法，同时阐述了正念如何与西方医学相结合的过程。2017年，我有幸参加了卡巴金博士在北京大学举办的正念课程。课程中，卡巴金博士提到，他来中国是为了"还宝"，因为正念源于中国的传统文化。

在《多舛的生命》一书中，卡巴金博士从科学和医学的角度阐释了正念减压的有效性。他指出，人类在面对压力时存在自动反应机制。当我们遭遇压力源，常常会进入"战斗—逃跑"模式，此时交感神经系统被激活，副交感神经受到抑制，消化系统功能受限。当身体长期处于慢性压力反应中，甚至对日常琐事都过度反应时，战斗—逃跑模式持续激活，便会引发一系列慢性疾病，甚至可能增加大病风险。

正念练习通过引导我们对身体、思想和情绪的觉察，让我们能以更健康的方式应对压力。正念减压的练习方法丰富多样，其中最为方便的当数"闭目养神"法，也叫导引，即通过简单的静坐放松方式，实现身体的深度放松，排出身体的负能量。具体操作方法为：选择一把合适的椅子坐下，大腿保持水平，双腿呈 90 度，双脚平行着地，双手自然放置在大腿上，眼睛闭合，面带微笑。练习过程中，始终保持乐观心态，默想身体内的不良因子被排出，身体自然放松，内心平和宁静。一般来说，静坐 30 分钟就能达到放松效果。

历经这些年的探索与实践，我深刻认识到，减压并非仅仅是学会放松，更要通过内在觉察，找寻生活的平衡与意义。

三、正念减压与教练咨询

正念减压练习，可以帮助我们摒弃急功近利的浮躁，秉持"顺其自然"的平和心态，适度放缓生活节奏，从而在工作与生活的天平上，寻得内心的平衡支点。

身为一名正念减压教练，我的工作范畴远超单纯教授正念练习。我运用教练技术，助力客户精准定位生活中的卡点，提升认知层次，推动自我成长。在此过程中，我不仅聚焦客户的心理层面，更致力于身心灵的深度整合，帮助客户缓解压力、提升情绪管理能力，最终让他们重获内心的平静，找回对生活的掌控感。

曾有一位年轻客户，他是一家大企业里极为出色的设计师。随着时间的推移，他渐渐对工作提不起兴趣，甚至产生逃避情绪。每次想到工作，不安与焦虑便如影随形，身体也随之亮起红灯，失眠、胸闷、乏力等症状接踵而至。他的父母与领导都希望他能坚守岗位，这种外部压力让他倍感困扰。

面对这种情况，我运用教练技术，耐心倾听他的困惑，助力他梳理问题根源。通过深入对话，我发现问题的症结并非当下工作本身，而是他在成长过程中，长期迎合父母与老师的期望，强迫自己投身于并不热爱的事业中。

经过深刻反思，他逐渐意识到，自己真正热爱的是运动，尤其是冲浪。他对身体的平衡性与协调性极为敏感，每次进行这些运动，都能收获无与伦比的快乐与满足。作为教练，我并未直接给出解决方案，而是引导他倾听内心的声音。最终，他毅然决定，投入更多时间到热爱的运动——冲浪中。他深知，唯有从事热爱之事，方能收获内心的满足。

鉴于经济压力，他虽无法即刻辞去现在的工作，但通过增加运动的时间，成功缓解了工作压力，逐步找回生活的平衡，身心也轻松了许多。

为助力他更好地减轻压力，我向他推荐了正念减压技术。我们一同练习卧式身体扫描，借助此项练习，他在夜晚能安然入睡，即便夜间醒来，也能凭借深度放松的方法重新入眠。同时，我还建议他每日清晨坚持静坐与练习八段锦，这两种方式能够激发阳气、平衡身体，强化自我觉察。

经过一段时间练习后，他的睡眠问题得到显著改善，工作中的焦虑情绪也逐渐消散，如今他已能独立运用正念练习调适自身状态，自我调节能力大幅提升，不再依赖我的协助。

正如古语云："授之以渔，而非授之以鱼。"我的工作不仅是为客户缓解压力，更关键的是助力他们提升生活质量、重拾生活的掌控权。我期望，每个人都能在内心深处觅得那份专属的宁静与力量。

> 阿来 Aria：拥有 8 年电商从业经验，曾任亚马逊跨境电商运营，帮助中国企业实现品牌出海；现为小红书电商教练，通过小红书开店，实现年营收百万元；专注于平台内容创作与电商运营指导，凭借丰富的电商实战经验，已帮助多名学员成功实现产品线上营销与内容电商转型；致力于通过个性化内容电商策略，帮助更多创业者拓宽产品营销渠道，推动线上业务增长；微信号 Aria-Alai。

4.2　勇敢面对恐惧，重新定义成功

刚进入职场，工作压力便与日俱增。随着领导对工作要求的持续提高，期望值也变得很高。我仿佛被一股无形的力量推着，一路狂奔，身心俱疲，让我开始质疑自己是否真的适合当下的这份工作。回首过去六年的职场生涯，曾经满怀抱负的我，竟不知不觉沦为了一个按部就班的"职场机器人"。压力如影随形，虽难以精准指出其来源，可胸口那沉甸甸的沉闷感却无比真切。

后来，我决定创业，原以为职场压力会就此消散，可现实却并非如此。压力其实从未离开过我，它就像一面镜子，清

晰映照出我的内心世界。当我鼓起勇气正视它时,我与压力的关系开始悄然改变,我逐渐学会了与它共处。

一、从职场机器到自由职业者

几年前,我在工作中失去了自我,所有的工作都围绕着公司的 KPI 运转。我的成就感和创造力被一点点消磨,内在的热情与动力也悄然流逝。尽管家人期望我有一份稳定的工作,但我内心深处总有一个声音在呼唤,不愿被外界的认知束缚,定义自己的人生。于是,我做出了大胆的决定——裸辞,去探索自由职业的无限可能。

然而,当我真正成为自由职业者后才发现,那些痛苦并未消失,它们实则源于我对自己的不满。在创业期间,我遭遇了一次自我卡顿的危机。一次偶然的机会,我接触到了人生教练课程,它让我开始直面自己内心的恐惧。第一次进行教练练习时,我表现得磕磕绊绊,极不熟练,看到同学们应对自如,我不禁陷入了自我怀疑,情绪也跌入了低谷。

恐惧一度让我在学习教练技术的道路上停滞不前。虽然理智上我清楚这对我有益,但行动上却始终难以落实。直到有一天,我决定寻求专业教练的帮助,尝试通过教练对话探寻恐惧背后阻碍我的限制性信念。教练为我提供了全新的视角,我开始意识到,恐惧并非不可战胜,而是一种可以通过理解与反思克服的情绪。

我开始不断问自己：这种恐惧究竟是出于自我保护，还是外界压力所致？它是主观臆想，还是客观事实？我为何如此惧怕面对挑战？

通过对恐惧的深刻反思，我逐渐看清了其背后的逻辑——源于对未知的恐慌以及对自身能力的怀疑。我开始学会接纳这种恐惧，不再急于寻求一个明确的结果，而是在与恐惧的相处中慢慢成长。没想到，仅仅三个月，我便经历了一场深刻的内在蜕变。

二、直面恐惧，与恐惧共处

还记得第一次参加火把教练直播课时，我带着"压力管理"这个议题，报名了客户角色。当时，我正参加个人品牌实操营，接触到许多新鲜的事物。在那次对话之前，我一直认为压力是负面的，是一种不好面对的情绪，我的第一反应总是想要逃避，不敢直视它。然而，那次的教练课程让我收获了很多，也让我有了想要改变的决心。

（1）改变了看待压力的方式。我学会了先从未来的愿景出发，去想象自己想要实现的松弛状态和人生目标，然后回到现在，抓住那些能让我放松的方式——例如散步、吹风、看看展览等。这些简单的活动能让我从当前的焦虑中抽离出来，恢复内心的平静。

（2）获得了新的视角。我不再陷在自己的情绪中,而是站在一个更高的视角,去看待我的人生目标以及如何通过过去的经验有效地调节压力。我开始意识到,压力其实是成长的催化剂,能推动我向更好的自己前进。

（3）更有意识地觉察压力的信号。每当我感到焦虑时,我会停下来问自己:是什么让我感到不安?这股情绪从哪里来?我能做些什么来改善现状?逐渐地,我从过去"逃避压力"的惯性中走了出来,开始学会分解压力,把它看作一个个可以解决的小问题。这种心态的转变让我在创业的道路上变得更加自信和从容。

比如,当工作任务变得复杂时,我不再感到无从下手,而是先规划出清晰的目标,再将任务拆解成多个小步骤。一步一步地完成任务时,那份成就感能够帮助我缓解焦虑,也让我对未来充满信心。

我开始反思,为什么我们总是把压力看作负面的存在?其实,压力本身并不是问题,问题在于我们如何看待它。每一次焦虑,都是我们面对未知时的"信号"。当我们学会觉察这些信号时,就能从中找到转化的机会。压力像生活中的导师,帮助我们看清自己,促使我们成长。也许我们无法完全消除压力,但可以选择如何与它共处。如今,每当回望曾经那种逃避压力的心态，我都会感激这段蜕变的旅程。正因为学会了与压力共处，我的内心变得更加平静，在面对未来的挑战时，也更加有力量。

三、接纳不完美，从焦虑到成长

辞职那段时间，起初比较迷茫，我就通过学习新技能来自我疗愈，其中插画成为我的首选。我借助 Procreate 这一工具，以艺术形式展现内心世界，找到了情感宣泄的出口。后来，我接触到了小红书。

在小红书上，我运用之前在亚马逊做电商运营的经验，将兴趣爱好发展为可变现业务。从 0 粉丝起步运营账号，到成功开店，逐步摸索出一套精细化的运营思路与内容营销策略，达成电商业务百万营收。后来，我接触到 life coach 及个人品牌构建理念，意识到内在探索对自由职业者的意义重大。同时，我也发现许多处于职业转型关键节点的人，他们不知如何开启转型之路。或许，我的经历与感悟能为他们指引方向。

个人品牌打造并非单纯地销售产品，而是需要具备全局思维。每位自由职业者都应具备从 0 到 1 的商业闭环能力，且唯有持续试错与学习方能获得。

回顾我的成长历程，自小我便面临外界的高期待，无论是家长的殷切希望，还是步入社会后职场的严格要求，都让我背负沉重压力。为达到这些标准,我不断给自己施压,甚至追求完美。一旦未能达标,焦虑与自责便会涌上心头。过去八年,我通过不懈努力与实践,逐渐改变了父母对我的看法。在成长过程中,我深切体会到每个人都有独特的使命与优势。我开始明白,无须与他人比较成长,而应聚焦自身独特性,这让我更加自在,也学会欣赏他人的特长与差异。

在与不同教练交流的过程中,我逐渐学会了接纳自身的不足,并将其视为成长历程中不可或缺的一部分。与此同时,通过自我复盘,我也能够清晰地识别出自己的优点以及尚待改进之处。

此外,我还对"好"的定义进行了深刻的思考。过去,我总是将"好"狭隘地局限于形式和技巧层面,片面地认为只有严格遵循标准流程才能称得上优秀。然而如今我认识到,"好"并不仅仅体现在技巧的完美呈现上,更关键的是能否深入理解并灵活运用底层逻辑,从而依据不同的背景、目标以及需求做出与之相适配的调整。

这不禁让我联想到在电商运营方面的相关经验。在电商领域,成功绝非一蹴而就之事,而是一个持续发现问题、优化流程并不断接近理想状态的渐进过程。特别是在小红书开店时,我通过不断地测试与调整,使诸多策略得到了优化。例如,在产品选择方面,不能仅仅依据个人的兴趣和偏好来做决策，而要高度重视市场需求和趋势的变化；在内容营销环节，需利用数据来精准验证细分受众群体，以此确保内容的精准性和价值性。

回顾整个职业转型历程，我深刻认识到，自身能够成功突破恐惧的关键所在，并非外界环境的改变，而是心态的转变。在电商教学的过程中，我始终强调"用户思维"的重要性，并通过实际行动帮助学员精准识别并有效满足客户需求。也正是在这一不断摸索与实践的过程中，我渐渐发觉，"用户思维"不仅是电商领域取得成功的关键前提，更是实现自我突破的有力武器。当我们将注意力聚焦于如何全心全意帮助他人时，原本沉重的恐惧情绪竟神奇地转化为了积极向上的力量。

偶然间与朋友们深入交流，他们对我的蜕变感到无比惊讶。从最初作为公司职员时的迷茫，到裸辞后的艰难挣扎，再到勇敢踏上自由职业的探索之旅，我最终成为一名致力于帮助更多人的小红书电商教练。这个过程中，不确定性和挑战如影随形，但也正是这些艰难险阻，让我体验到成长所带来的无尽喜悦。此刻我也更加坚定地相信，尽管成长之路布满恐惧，但行动始终是实现突破的最佳路径。

人生之路从来都不是一帆风顺的，每一次面临的挑战和产生的恐惧，都是成长道路上不可或缺的重要组成部分。"你会害怕吗?"这已然成为我经常对自己发出的质问。"会!但是……"恐惧不过是身体出于自我保护而产生的本能反应罢了,而每一次与恐惧的正面交锋,都蕴含着一次实现突破的宝贵契机。成功绝非盲目听从外界的标准定义,而是用心聆听内心的声音,毅然决然地走出一条独属于自己的道路。因为,生活的方向盘应牢牢掌握在自己手中。

> Selina X：国际认证灵气疗愈师，ICF 国际教练联盟认证专业人生教练；16 岁经济独立，18 岁创业收入百万元，与多家 MCN 以及身心灵 top 机构合作；擅长各领域商业布局的指导，打通价值转化卡点，累计创收九位数；微信号 XvvK2nn_。

4.3 告别情绪枷锁，激发自我潜能

情绪时刻影响着我们的生活。它们既可能成为推动我们前行的动力，也可能成为束缚我们的枷锁。它们或许源自童年的创伤、家庭的影响、社会的压力，甚至是我们内心深处的恐惧。这些情绪就像一层层迷雾，遮蔽了我们的视线，让我们无法看清真实的自我，也妨碍了我们追求梦想的脚步。然而，每个人都拥有打破这些枷锁的力量，只有激发内在的潜能，学会自我接纳，才能为自己的成长提供助力。

而我，一个曾经被情绪枷锁束缚的女孩，通过自我发现和转变，不仅解放了自己的情感，还激发了内在的潜能，最终实现了个人成长和事业上的逆袭。我用近十年的自我探索，证明了情绪并非我们的敌人，而是通往潜能之门的钥匙。

一、从情绪枷锁到内在自由

在挣脱情绪枷锁之前,我的生活总是被情绪所左右。每一次挑战和压力都像是一场风暴,让我措手不及。反复的内耗让我不断伤害自己,而这些情绪的波澜也影响到了周围的人。我深知这种情绪状态对我百害而无一利,但我却无法摆脱,它像一张无形的网,牢牢地把我困在情绪的漩涡中。

我曾有一次被客户拒绝,这次经历彻底激发了我无处发泄的负面情绪。那是一个阳光明媚的下午,我满怀期待地向一位潜在客户介绍我的疗愈服务,并根据她的情况制定了个性化的方案。我滔滔不绝地讲解,生怕遗漏任何一个细节,也积极回应她的每一个问题。然而,最终她还是委婉地拒绝了我,理由是"现在考虑得还不够成熟"。

那一刻,我所有的热情瞬间冷却,取而代之的是强烈的愤怒和自我否定。我反复回想她的拒绝,越想越生气,越想越沮丧。我开始怀疑自己的能力、服务,甚至怀疑自己是否适合做这份工作。我反复在大脑里回放着我们的对话,试图找出自己的不足,寻求改进之道。然而,这种无休止的自我审视并没有带来任何建设性的结果,反而加剧了我的负面情绪。

这种情绪像病毒一样迅速蔓延,渐渐影响到我与其他客户的互动。我变得急躁易怒,语气尖锐,不耐烦。以前,我会耐心倾听客户的需求，并尽力帮助他们找到合适的解决方案，而现在，我却变得急功近利，草率地给出建议，甚至打断客户的发言。我将自己所有的负面情绪投射到客户身上，完全忽略了他们的感受和需求。

这种情绪还直接影响了我的业绩，客户成交率大幅下滑。我的状态进入了一个恶性循环：客户拒绝签约让我变得沮丧，沮丧让我变得更不耐烦，不耐烦又导致更多客户拒绝签约。我感觉自己像被困在一个无形的牢笼中，无法脱身。

接下来的几周，我的工作效率变得极为低下，睡眠质量差，身心俱疲。我开始对未来感到迷茫和恐惧，甚至有过放弃的念头。回头来看，我发现自己处理问题的方法是错误的，完全没有冷静分析，而是任由情绪主导我的行为。

除了事业上的自我怀疑，我的个人生活也因情绪失控而陷入混乱。与父母的沟通变得越来越困难，经常因为一些琐碎的小事发生激烈争吵。以前，我与父母的关系还算和谐，偶尔有些摩擦，但总体而言相处得还是很好的。然而，在情绪裹挟下，我常常控制不住自己的脾气，动不动就对父母发火，说一些伤害他们的话。工作和生活中的压力、负面情绪，我无意识地都发泄到他们身上，让他们也陷入痛苦中。争吵结束后，看到他们黯然的神情，我深感后悔和自责，但又无力改变现状。

更为严重的是，这种负面情绪不仅体现在言语上的冲突上，也影响到日常的互动。我开始对父母的关心和体贴变得迟钝，甚至视而不见。他们的关怀在我眼中，反而成了无形的压力。我总是心不在焉地应付他们的问候，甚至有意回避他们的亲近。我们之间的关系逐渐疏远，曾经亲密无间的家庭关系，开始变得冷淡。

这种疏远让我感到极度的痛苦和孤独。我渴望得到父母的理解和支持，却因为我的负面情绪将他们推得越来越远。我清楚地意识到，我正在失去与父母之间宝贵的亲情，而这一切，都源于我无法控制情绪，无法将情绪与关系有效区分。我将自己的焦虑、愤怒和自我否定，完全投射到家庭生活中，给父母带来了无尽的困扰，也让我陷入深深的自责。

这种深深的无力感和自责让我更加痛苦，我迫切地希望找到一种方法能改变这一切。

二、疗愈与觉察，摆脱情绪束缚

我尝试了许多次心理咨询，最初我对心理咨询充满了期待，相信专业的咨询师能帮助我解决情绪带来的困扰。我遇到的咨询师中，有的擅长认知行为疗法，有的擅长精神动力学疗法，还有的擅长人本主义疗法。他们都非常专业，认真倾听我的心声，并给予我一些建议和指导。

但是，这些咨询并没有给我带来期待的效果。虽然咨询师们帮助我识别了一些负面思维和行为模式，并教我一些应对技巧，但这些方法并没有从根本上解决我的问题。每次咨询，我都能清楚地意识到我的情绪，并且愿意去积极改变。但我发现自己的情绪问题依然存在，甚至在某些时候变得更加严重。每次咨询结束后，我都带着希望开始，最后却带着更大的失望结束。这种反复的希望和失望让我越来越疲惫，也让我对心理咨询失去了信心。

我开始质疑这些咨询师的方法是否真的有效，质疑是不是我的问题太复杂，无法通过简单的咨询来解决。后来我又尝试过许多方法，比如阅读心理学书籍，参加心理健康相关的活动，但都没有显著的效果。我的情绪依然像脱缰的野马无法控制。

就在我几乎要放弃的时候，我偶然遇到了一位拥有疗愈技能的心理咨询师。这位咨询师与我之前遇到的心理咨询师完全不同。她并没有仅仅关注我的认知和行为，而是更注重挖掘我的潜意识，帮助我探索内心的深层世界。她运用了能量疗愈、沙盘游戏疗愈等多种疗愈方法，引导我逐渐发现情绪背后的根源，找到真正困住我的枷锁。

在与她的几次深入对话中，我意识到自己的情绪问题并非表面上的焦虑、愤怒和自我否定，而是源于更深层次的创伤和未被满足的需求。在她的引导下，我逐渐回忆起童年的一些经历，那些被我压抑在潜意识深处的记忆开始浮现。我发现，内心的许多负面情绪，实际上与儿时的经历有关。

通过沙盘游戏疗愈，我将压抑的情绪以象征性的方式表达出来，并通过与咨询师对话，逐渐理解这些情绪背后的含义。能量疗愈让我感受到身体内能量的流动，并释放了积压已久的负面能量。这些疗愈方法，不仅帮助我释放了负面情绪，更重要的是，让我重新认识自己，接纳真实的自己。我开始明白，情绪并不是我的敌人，而是我内在需求的表达。我开始学会与情绪和平共处，而不是对抗和压抑。

经历了疗愈的深刻改变后，我对这些技术产生了浓厚的兴趣，渴望了解更多，并希望将这份帮助带给更多曾经像我一样被情绪困扰的人们。疗愈的力量让我亲身体验到，它能帮助人们从根本上解决情绪问题，而不是单纯处理表面症状。这种体验，远超以往任何心理咨询或情绪管理课程所带来的效果。

于是，我开始系统地学习各种疗愈技术，如能量疗愈的不同流派、情绪焦点疗法（EFT）、内在小孩疗愈、西塔疗愈等，并积极参加相关培训和工作坊。在学习过程中，我不断将所学的知识应用到自己的生活中，也开始帮助身边的朋友和家人。我发现，许多人也面临着和我相似的情绪困扰，他们渴望改变，却不知道从何下手。通过我的亲身经历和疗愈技巧，我能够有效帮助他们缓解压力、释放负面情绪，并增强内在力量。在帮助他们的过程中，我也在不断成长。每一次成功地帮助他人走出情绪困境，都让我对疗愈的理解更加深入，同时也让我更加自信。

看到身边的人因我的帮助而得到改变，我感到无比欣慰和满足。这种成就感让我更加坚定了用疗愈帮助更多人的决心。我逐步将疗愈服务作为自己的创业项目，起初只是在朋友和熟人中提供服务，后来通过社交媒体和口碑传播，吸引了越来越多的客户。为了更好地服务客户，我不断提升自己的专业技能，并积极与其他疗愈师交流与合作。

在与客户互动的过程中，我发现，每一次深入地沟通和疗愈，仿佛都像一面镜子，映照出我自身情绪的细微变化。我意识到，要更好地理解和帮助他人，我需要不断修炼自己的内心。这种自我提升正是"达己成人"的最佳体现。

在服务过程中，我不断调整和完善自己的疗愈模式，力求为每一位客户提供个性化、专业的疗愈方案。我发现，每个人的情绪问题都是独特的，需要根据个人的情况来制订相应的疗愈计划。因此，我特别注重与客户的沟通和互动，深入了解他们的需求和感受，并根据他们的反馈不断优化疗愈方案。通过这一过程，我的同理心和共情能力得到了极大的提升，情绪管理能力也逐步增强，对自己情绪的掌控更加精细和自如。

帮助那些像我一样曾被情绪裹挟的人走出困境，不再被负面情绪控制，体验生命的真正美好和活力，成了我最大的动力。将疗愈作为我的事业，不仅是职业选择，更是我的使命和信仰。我将继续学习和成长，不断提升专业技能，为更多的人带去疗愈和希望。这不仅是一份工作，更是我对生命意义的探索和实践，是一个持续循环的"成人达己，达己成人"。

在这一过程中，我无意间接触到教练技术。最初，我只是为了扩展技能去学习，并没有抱太大期望。然而，我很快发现，教练技术与疗愈方法有着异曲同工之妙，它们都帮助我更好地认识自己、提升自我觉察能力。不同之处在于，教练技术更加注重目标设定和行动策略，帮助我将内在的改变转化为外在的行动。

我学习了教练技术中的各种工具和技巧，如目标设定、积极提问、倾听技巧等，开始运用这些方法进行自我教练，引导自己思考问题、制订计划并付诸行动。我开始关注自己的优势和资源，并利用这些优势去克服挑战。我发现，通过自我觉察，我能够更好地识别情绪，找到应对情绪的有效方法。现在，自我觉察已融入我生活的方方面面，从工作到人际关系，再到个人成长。

我学会了在面对挑战时，先停下来深呼吸，观察自己的感受，而不是被情绪所左右。我学会了与内心对话，倾听自己的需求，做出符合内在价值观的决定。我变得更加自信、从容,也更加热爱生活。我明白,情绪管理不是压制情绪,而是理解、接纳情绪。我的人生不再被情绪控制,而是由我掌控。疗愈和教练技术,像两把钥匙,帮我打开了通往自由和幸福的大门。

三、情绪管理与自我转化

在掌握了教练技术和多种疗愈技能之后,我的人生发生了翻天覆地的变化。最显著的改变,体现在我处理人际关系,尤其是客户关系和家庭关系上的方式。过去那些让我陷入痛苦和挣扎的事件,现在都能以更加平静、理性且有效的方式去面对和处理。

最直接的体现,是我与客户互动的方式发生了根本性的转变。以前,每当遇到客户拒绝,我会深陷自我否定和愤怒之中,甚至将这种负面情绪投射到后续的客户身上,导致成交率下降。而现在,再次遇到客户拒绝时,我的反应完全不同。我会先让自己冷静下来,接纳客户的情绪投射,并意识到客户的拒绝,可能并非完全针对我的服务,而是他们自身情绪或需求的反应。

我开始运用教练技术的技巧,深入探索客户更深层次的需求。我使用积极倾听、同理心、引导性提问等技巧,帮助客户理清他们的想法和感受,发现他们真正的问题所在。在这个过程中，我不再急于推销我的服务，而是专注于理解和帮助客户。我引导他们思考、探索，帮助他们发现内心的答案。这种深入沟通和互动，不仅帮助客户解决了问题，也让我更加精准地理解他们的需求，从而能够提供更有效的服务。

这种转变带来的结果是显著的。我的成交率有了大幅提升，同时客户与我之间的黏性也增强了。我成功地通过细腻的情绪管理和教练技巧，赢得了许多原本准备拒绝我的客户的青睐。客户选择我的服务，不仅仅因为我的专业技能，更因为他们感受到了我真诚的理解与关怀。他们体验到的是一种来自内心的尊重，而非单纯的商业推销。

即便有些客户在深入沟通后依然选择拒绝我的服务，我也能以更加平和的心态接受。我不再像以前那样愤怒和沮丧，而是平静地反思自己，找出可以改进的地方。我学会将客户的拒绝视为反馈，作为一种帮助我了解客户需求和提升自身服务的机会。这种心态的转变，让我在面对挑战时更加从容，也为我的专业成长提供了更大的空间。

家庭关系的改善，同样是我摆脱情绪枷锁、激发内在潜能的体现。现在，我与父母的关系变得越来越和谐。即便偶尔出现意见分歧，我也不再像以前那样情绪失控，而是能够冷静下来，灵活运用自己积累的技巧和经验，与父母进行有效沟通。

我学会了先倾听父母的想法和感受，再表达自己的观点。我会尽量理解他们的立场，并寻找双方都能接受的解决方案。通过同理心，我能够站在父母的角度思考问题，理解他们的感受和担忧。即使我不认同他们的观点，我也能理解他们为什么会有这样的想法。这种同理心帮助我稳定了情绪，避免了冲突的升级，也让整个家庭的氛围变得更加和谐、温馨。

最重要的是，我将这种积极乐观的情绪状态融入了生活的方方面面。我更加注重自我关怀，不再轻易被负面情绪所控制。我学会了在压力面前保持冷静，并积极寻找解决问题的方法。我变得更加自信、从容，也更加热爱生活。我的人生不再被情绪裹挟，而是由我自主掌控。这正是摆脱情绪枷锁、激发内在潜能的最好体现。

这段自我成长的旅程始于我被情绪枷锁紧紧束缚，焦虑、愤怒、自我否定像藤蔓一样缠绕着我的生活，直到接触到疗愈和教练技术，我才找到了那把开启自由之门的钥匙。

这把钥匙，并非来自外部的权威或神奇的药方，而是来自我内心的探索和觉察。它帮助我理解情绪的本质，不再将情绪视为敌人，而是将其视为引导我走向内在自我的指南针。它帮助我接纳自己的不完美，拥抱自己的脆弱，并从容地面对生活中的挑战。它赋予我掌控自己情绪的能力，让我不再被负面情绪所左右，而是能够理性思考、积极行动。

"摆脱情绪枷锁，激发内在潜能"并非一个简单的成长概括，而是一个持续的修炼过程。它需要我们不断学习、反思和实践，探索内心的世界，提升自我觉察的能力。这需要勇气、毅力，更需要一颗真诚而勇敢的心。

我希望我的成长经历能够帮助你开启这段旅程，帮助你找到属于你自己的那把钥匙，帮助你摆脱情绪的枷锁，激发内在的潜能，创造你想要的生活。愿你也能像我一样，在生命中收获属于你的阳光和彩虹，活出精彩的人生！记住，你拥有无限的可能，而你内心的力量，足以战胜一切挑战！

> 千和 Vida：国际认证高级催眠疗愈教练，ICF 国际教练联盟认证 PCC 级专业教练，家庭系统排列导师，自由人生教练平台督导教练，国家二级心理咨询师；擅长心理学、教练技术，已帮助全球 600+ 女性突破情绪困扰以及亲密关系中的障碍；微信号 qianhevida。

4.4 治愈内在小孩，告别无尽焦虑

焦虑，一直是我人生最主要的情绪旋律。

一、难以"再见"的焦虑

当我还是一个学生时，因害怕高考失利而焦虑到整晚失眠。参加工作后，我还是很焦虑，总担心因工作表现不佳会被领导解雇。因此，我总是为了做好工作而不懈努力，在休息日，我也不能真正放松。我总是把自己的时间安排得很紧，去进行学习或完成工作任务，才会觉得没有浪费时间，从而感到安心。哪怕是偶尔放松看手机，我也会搜索最近有没有什么新的课程可以学。

这样的工作焦虑让我不能全然活在当下，享受当下。即

使给自己安排了出门旅游,在风景优美的大山里散步时,我的心里还挂念着休假后的工作任务。

焦虑,让我不能专心陪伴家人。有时,我在陪孩子玩积木时,大脑却忍不住思考当前工作遇到的一些挑战。

我的家人总是抱怨我是个工作狂,陪伴他们的时间太少,但我也不知道为什么就是停不下来,不明白为什么把工作看得这么重要。

焦虑就像一把小刷子,在我的身体里挠呀挠,让我一刻不得安宁。我真的很想和焦虑彻底说"再见",但焦虑就是一直"忠诚"地和我在一起,像一个蒙着面纱的朋友,我一点都看不懂他。

为了解决焦虑的问题,我开始向内探索。我很幸运地遇到并学习了人生教练技术和心理咨询的课程,让我有机会揭开焦虑神秘的"面纱",明白了自己为什么会一直如此焦虑,以及如何通过教练技术和心理咨询的方式彻底和焦虑说"再见"。

二、深层理解焦虑:原来"焦虑"是来救我的

首先,我通过大量与教练对话的方式去探索自己焦虑背后的原因。我发现,无论是在学生时代追求好成绩的我,还是工作后追求好业绩的我,都一直希望自己变得更优秀。那为什么优秀对我这么重要呢?

我曾在深度探索焦虑时，看到过这样一个画面：我一直往前跑，追着前面的那个叫作"优秀"的目标，我的身后有只老虎在追着我，这让我根本不敢有丝毫的懈怠，更不敢停下来休息，因为一停下来，可能就要被后面的老虎吃掉。

看到这个画面，我瞬间就哭了，原来不优秀就要被吃掉。可是，为什么不优秀带给我的恐惧会这么大，大到要威胁到我的生命，直到通过探索童年成长经历，我瞬间理解了一切。

从小我就一直被父母拿来和别人家的孩子做对比，一对比，我就认为自己缺点特别多，性格内向、不幽默、不会社交、不会关心人。所以，从小我就很自卑，觉得自己一无是处。

但我有一个优点，就是学习好。所以，学习好就变成了我生命中唯一可以获得他人认可、喜欢的救命稻草。但也因为是救命稻草，所以我要紧紧地抓住它。我开始特别努力地学习，别人放假休息，我也要在家学习。

直到现在我才理解，对于当年那个小女孩而言，她最怕的是什么？是怕父母不喜欢她、不爱她、抛弃她，这些都直接威胁着她。所以，我看到焦虑更深层的情绪是恐惧，是没有安全感。虽然，现在我已经成年了，但是潜意识中那个没有价值就要被抛弃的恐惧一直在影响着现在的我，让我依然像小时候一样拼命学习、工作。

这样一直推动我向前奔跑的焦虑，从某种程度上来说，是来"救我"的。很感谢我的焦虑，谢谢你，一直在用这样的方式保护我、爱着我。

如今，通过这几年的探索和学习，我终于有更多时间可以活在当下，不疾不徐地按照自己的节奏做着自己喜欢的事情。陪孩子的时候能专注陪孩子，休息的时候也能彻底放松，连呼吸、说话和走路的速度也慢了下来，活出了他人羡慕的松弛感。

三、三大方法让我彻底告别焦虑

当我探索清晰了焦虑背后的底层原因后，我在潜意识、意识和行动方面都做了更深层次的转化工作，让自己彻底"告别"了焦虑。

1. 活出完整、真实的自己

当我理解了自己的内在小孩原来这么恐惧没有价值会被抛弃后，我不禁思考，为什么我们如此热衷于追求有价值？追求优秀？

全世界的父母都希望自己的孩子优秀，我的父母也不例外，这有什么问题吗？

当我深度思考时，我把这个问题抛给了我的内在小孩，她说："有问题，太有问题了，我很害怕，我害怕如果成绩不优秀了，父母就不爱我了，我更希望，就算我成绩很差，一无是处，父母也能稳定如一地爱我。这才能给我最大的安全感。"

我："所以，你希望父母爱的不是你的行为、你的外在表现，而是你这个人本身对吗？"

内在小女孩："是的，我希望他们爱我如其所是的样子，而不是他们期待的样子。"

和内在小孩的对话激发了我更深的思考，为什么父母不能爱孩子如其所是的样子而只爱孩子的优秀呢？因为孩子优秀，就意味着父母也优秀，换言之父母会通过孩子的优秀来满足自己内在的价值感。

从心理学的视角去看，这就是一份未分化的爱，父母把孩子等同于自己，失去了人与人之间最重要的边界感。同时，这也是一份不成熟的爱，物化的爱，孩子只是关系中满足父母价值感的工具而已。工具意味着你必须有用，如果你对我无用，我就指责你、批评你，你将失去我对你的爱。

这就是我小时候体验到的有条件的爱，只有我做到了某某行为，才能获得来自父母的爱、喜欢、尊重等，而不是我的存在本身就值得被爱。

有条件的爱，是关系中的常态。有条件的爱的背后是什么呢？我通过深度探索后发现，有条件的爱的背后是二元对立的价值观。

有些东西是好的,比如成功、漂亮、勇敢、自信等,而有些东西是不好的,比如失败、丑陋、胆小、自卑等。所有人都喜欢阳光面那些"好的"部分,而排斥阴影面"坏的"部分,我们的父母也同样处在人类世界二元对立价值观的枷锁里。

父母的这些行为会让我们觉得没有被完全接纳、认可、喜欢,会觉得受伤,会害怕被抛弃,但他们不是故意的,这是他们的父母教会他们的生存法则,所以他认为这是给我们最好的爱。所以,怎么破二元对立的价值观呢?

这里,我来分享一个"四象坛城"的模型,这个模型让我看到这个世界不只二元,我们还可以从图中的这四元看世界。

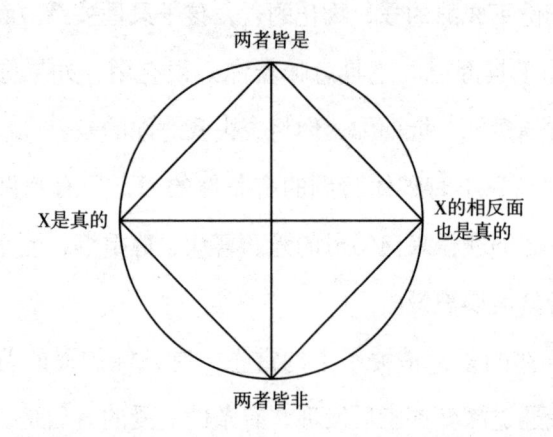

举个例子，假设X代表成功，成功是真的；右边，相反面失败对我而言也是真的；上面，成功和失败对我而言都是真的；下面，成功和失败对我而言都是假的。

也确实是这样，我有很多成功的时刻，比如，我通过了难度不小的人生教练技术的口试，用所学知识帮助了很多客户与原生家庭和解；我也有失败的时刻，比如考试不及格就无法给到客户支持；成功和失败也可以同时对我是真的，比如我可以在一天的上午完成令客户满意的培训，晚上和爱人交流的时候却忍不住情绪崩溃失去觉察；成功和失败也可以同时对我是假的，因为真正的我，无法被简单的两个词"成功和失败"定义，真正的我拥有无限的可能性。

每个人都拥有无限的可能性，这意味着我们每个人身上都有所谓的"好自我"，也有所谓的"坏自我"，而这些都是真实人性的一部分，如果我们去排斥那个胆小的、自卑的、失败的自己，其实是抹杀真实的自己。

接下来，我给大家分享一个练习——保持阴影面，认识"好自我"和"坏自我"，这个练习可以帮助我们打破二元对立价值观。

做这个练习前，请务必让自己的内心安静、放松下来，然后慢慢地说出这段话：XXX（可以叫自己的名字），我看见你是X（成功的），我也看见你是Y（失败的），我看见你同时是X（成功的）和Y（失败的）……

我们只需要去体验这个过程，不需要用脑思考，然后我们的潜意识就会慢慢转化，那个二元对立的枷锁就会慢慢松动，慢慢释放对自己的评判，慢慢去拥抱自己的阴影面。

毕竟，完美不是爱，完整才是。

2. 治愈内在恐惧的小孩，寻找安全感的资源

前面提到，我焦虑背后更深的情绪其实是恐惧，是童年担心自己没有价值就会被抛弃的恐惧。现在，虽然我已经长大成人，但它不会随着我的长大而自然消失，它依然在我的潜意识里。

恐惧的背后对应的是没有安全感的需求。其实我知道，很多人和我一样没有安全感，大多数人采取的策略是给自己争取更多外在的名、利来应对底层的不安全感。只可惜，这种向外求的方式并不能给自己带来真正的安全感。

我有位客户，她是某大型互联网公司的高管。她说，每天驱动她起床上班的不是梦想，是怕被裁员没饭吃的恐惧。你看，就算这么厉害的高管，依然无法通过这样高薪的工作填补内心恐惧的黑洞。

还有人喜欢通过给自己讲道理的方式缓解恐惧。我以前也是这样，每次焦虑到睡不着觉的时候，就不停地在大脑里劝慰自己："没事的，大不了搞砸了，那又能怎样？"结果，就算

对自己说了十遍，焦虑的感觉依然在。

恐惧这种情绪是人类非常深刻的一种情绪，它储存在潜意识深处，一旦过去的恐惧被当下的刺激所触发，我们的身体就会忍不住紧张，心跳加速甚至颤抖。所以，恐惧是不听道理的，需要我们从身体层面去做工作。

这里给大家分享一个我认为非常受用的方法——寻找安全感的练习。这个练习的目的是为你的恐惧找到安全感的内在资源，来保护内在那个恐惧的孩子。这个资源可以是你认识的人，也可以是虚拟的不认识的人；可以是大自然，也可以是小动物；可以是一个地方，也可以是一个空间。

在我的客户中，有的人找到的是自己的爷爷、姥姥等家人，还有的人找到的是大山、太阳等自然资源，有的人找到的是一个人在雨中打伞漫步。每个人的资源都不一样，关键是，当你想到它的时候，你可以感觉到身体是放松的、平静的、安全的。

我找到的安全感资源是寺院。那些在寺院里的僧人，他们心怀慈悲，以平等之心爱护众生，他们不会评判、抛弃任何人。而我的内在小孩最怕的就是自己如果没有价值了，就会被抛弃。每每想到在人世间，在我的周围，还有这样一群人，我的身体就会慢慢放松下来，心也会慢慢安静下来，那份恐惧的感觉就会慢慢变淡。

当然，安全感资源不是随便想一个就可以，而是需要进入很深的潜意识状态，完成身体和情感层面的转化才行。

3. 要什么，就先给出去

当做好了前两步转化恐惧的工作后，我还想继续深入地巩固我的安全感。然后，我开始践行另一个很多人已经在用的方法——要什么，就先给出去。

我不要焦虑，我不要恐惧，我想要安全感。既然我想要安全感，那我就得把安全感主动地给出去。

从更大的宇宙视角去看，所有人都是地球的孩子，大家是共同体。如果我对他人的事冷漠无情，那么也许有一天我也会遭到他人的冷漠。中国有句老话是"好人有好报，坏人有坏报"，我想说的也是这个道理。

带着这样一个心态，我开始积极关注周围需要帮助的人，我会给很多需要帮助的人捐款，比如重病的人，缺乏资金建设的寺院、小镇图书馆等，用教练技术帮助在校大学生探索职业发展。或者一些更小的事，比如走在小区里，帮助身后面提了很多东西的人拉开门等。这些乐于助人的行为，原来我也做，但没有带着清晰的动机，现在每次在行动中，我都会强化自己，在我力所能及的情况下，我一定会支持需要帮助的人。

自利即利他，利他即自利，当我给予他人支持，让他人感觉到安全感时,其实也会让我感觉到更多的安全感。因为我相信,当我这样善待他人,他人也会这样善待我。

就这样,我终于慢慢地告别了焦虑,找到了人生久违的松弛感。希望这些方法也能帮助到正在看这本书的你。

第 5 章

积极落实行动

在日常生活与工作中,许多人都被拖延问题所困扰。他们心里明白有任务要完成,却常因琐事分心,陷入拖延恶性循环。拖延不仅浪费时间,还会带来焦虑、自责,甚至影响职业和生活质量。要摆脱拖延症,需先找到其根源,重建内在驱动力与目标感。

克服拖延症时,很多人发现自己行动力不足,且受完美主义与对未知恐惧的束缚。解决这些问题,技巧方法固然重要,但更需全新的思维方式。通过分析心理模式、实践目标管理方法,方能打破自我设限,释放潜能。

> 赵涵：毕业于新西兰奥克兰理工大学，曾从事计算机方面的工作三年；擅长情感疗愈咨询，已帮助 200+ 客户解决了他们在工作、生活中的一些情绪卡点；微信号 544139446。

5.1　告别拖延症，迈向高效生活

你们是否曾在接到某项工作或开始做一件事情时，心里有个声音告诉你："还早，再等等，之后再列工作目标计划吧。"但随后，你又被一些其他事情打断了。可能是你喜欢的综艺更新了，可能是朋友约你出去玩，又或者其他的干扰。当你准备安静下来专心工作或学习时，下一个动作往往是下意识地拿起手机，开始看朋友圈或某个社交软件，结果时间就这样悄悄溜走了。真正要做的事情，都还没开始。

一、找到拖延的根源，改变内在驱动力

我曾经有过很长一段时间维持着这种状态，看着时间就这样溜走，而我却总是习惯把事情推到最后一刻才去做。

第一次尝到拖延症苦果，是在大学时的一场重要考试中。当时一门专业课要考，需认真背诵、好好复习才能过关。可我

总为拖延找借口,像"太累了""明天再做也不迟",甚至觉得当天精力欠佳也成了理由。于是复习计划常被搁置,总想着还有明天。然而,现实很残酷。直到考试前两天我才开始复习,考试前一晚还在熬夜看资料。第二天疲惫应考,因准备不足成绩很差。那一刻,懊悔、生气、沮丧等情绪涌来,我陷入了自我否定,觉得自己一无是处。

第二次打击是在创业时。我热爱自己的事业,也明白如果要将热爱转化为产品,需要构建商业闭环。但起初我对创业流程并不了解,空有想法却缺乏行动力。每当想做事,看剧、刷手机或发呆的诱惑就来了,使我分心。尽管内心知道要行动,可面对未知压力挑战,我还是选择逃避。拖延引发焦虑,让我陷入自我厌恶的泥沼,内心变得不平静,常在自责中耗费精力,但内心深处有个声音在喊:"你要相信自己,直面问题,迎难而上,才能成长。"

我意识到拖延症对生活和事业的影响极大,于是积极向外寻求帮助,渴望找到摆脱困境之法。一次偶然的机会,我接触到了人生教练平台,其中的自我评估项目吸引了我。完成评估报告后,我发现目标感和执行力欠缺是内耗拖延的关键因素。认清这点后,我决定深入探索,挖掘更深层次的原因,努力寻求提升自我之法。

内心有一个强烈的声音告诉我:"我想成为一名人生教练,找到自己的优势,提升自我,并学习如何面对和解决拖延症带来的困扰。"于是,我毫不犹豫地加入了这个平台,开始了人生教练的学习之旅。

在学习人生教练课程的过程中,我一边学习,一边寻求督导教练的指导。其中,让我印象深刻的一次对话是和曼珞教练讨论为什么我会有拖延症。在那次对话中,我终于意识到,拖延症的根源并不在于任务本身,而是我对未知因素的处理方式不当。过多的未知占用了我大量的心理能量,导致我无法专注于一项完整的任务。因此,对于那些本应该做的重要事情,我往往会选择拖延,因为我的精力被这些未知的因素干扰了。

通过教练的引导,我学会了有意识地释放心理负担。我开始将那些自己不确定如何处理的事情列出来,逐一梳理它们可能出现的情况,并思考每种情况的应对策略。最终,我为自己留出了一个应急选项"随机应变"。这样一来,我就可以暂时放下那些难以预见的事情,如果有突发情况发生,也能从容应对。于是,我将注意力集中在眼前真正需要做的事情上,减少了拖延和焦虑的情况。

我发现自己有时会害怕麻烦,总是预设问题。面对还未发生的事情时，我容易提前焦虑、担心困难。然而，每当事情真正发生时，它们并不像我想象中的那样困难，反而我总是能够全力以赴，并且做得还不错。

另外，我总是期待找到一个完美的解决方案，因此，一旦无法做出完美的决策，就会觉得这件事情"麻烦"。但我逐渐意识到，任何事情都无法一步到位，它们并不麻烦，只需要我有耐心，一步步解决就好。

在第二次与教练探讨拖延症的原因时，我发现了几个深层的原因：

（1）畏惧困难的潜意识：我意识到，自己深层的潜意识里似乎存在一种畏惧困难的情结。当面对不在自己控制范围内的事情时，我就会觉得做起来很困难。例如，当别人邀请我做一件自己没有做过的事情时，我会下意识地拒绝，甚至被朋友们称为"不不女孩"。这让我意识到，很多时候，我的潜意识主导了我的行为，尤其是当我越是想做到完美，潜意识就会越认为事情很难做，最终选择拖延和逃避。

（2）缺乏足够的内驱力：我发现潜意识中缺少足够的"想要"的动力。如果我真心渴望做某件事情，就会全力以赴去争取。比如，我非常想拥有一件漂亮的衣服或一个名贵的包包，我就会为此付出很多努力。但当我回到日常生活中时，比如想要赚更多的钱，虽然我嘴上说着很想，但回过头来看，我并没有为此付出足够的时间和精力。我的潜意识往往存在"想要"但不够强烈的动机，因此很多时候只是空想。

（3）对当下事情缺乏兴趣，选择逃避：有时，我会对手头的事情缺乏兴趣，选择逃避。例如，在大学时我并不喜欢计算机专业，但又不得不学，于是对学习缺乏积极性，所有的作业和考试都是"差不多就行"。这导致了我没有足够的耐心去深入钻研，学习的态度也比较敷衍。

（4）以结果好坏衡量事情的价值：我有时会过于注重结果的好坏，认为时间和精力的投入与结果直接挂钩。如果我付出了很多努力，结果却不好，就会让我感到非常沮丧和失落。我的潜意识认为，只有成功才是"好"的，而失败就是"坏"的。这种二元对立的思维方式让我的行动力受限，不敢去尝试。

（5）完美主义倾向：我总是想要一次性把事情做好，避免重复修改和返工，因此总是过于计划、过度思考，导致无法及时开始。我意识到，完成比完美更重要。在行动中，我可以边做边调整，逐步完善，而不是一直停留在计划和构想阶段。

（6）无法忍受延迟满足：我曾经喜欢刷短视频、看电视剧等，这些能即时满足我的欲望和兴趣。相反，学习和工作则需要花费大量的时间去积累，这让我觉得痛苦。因此，我开始训练自己更好地面对延迟满足，通过学习和工作的磨炼来提升我的耐性。

二、通过目标感和时间管理实现高效行动

我现在学会了如何应对内心的恐惧，如何提高自我驱动力，如何保持耐心，逐步克服自己的完美主义和拖延的习惯。每一天，我都在一步步走向更高效、更平和的自己。这期间，我会：

（1）将工作任务分解：当面对一个看起来繁重的任务时，我会将它切成更小的部分。例如，我先列出提纲，然后再从提纲中一点点填充内容。这样做可以让我不被任务的庞大所压倒，反而更有动力去完成每个小环节。

（2）设定小目标：为了避免任务过于庞大，我会设定一些小目标，并为每个目标设定时间。比如，我会用20分钟或半个小时专注于某个小任务，任务完成后奖励自己10分钟的休息时间。这样可以保持专注力，同时避免疲劳感。

（3）接受自己的不完美：我告诉自己，世界上没有绝对的完美，完成任务比追求完美更重要。每一个进展，都是向目

标迈出的一步。

（4）奖励自己：当我按时完成某项任务时，我会给自己安排一个小奖励，比如做一些自己喜欢的事情，或者吃一个甜品。这不仅能激励我继续前进，也能增强自我肯定感。

（5）打造舒适的工作空间：我会创造一个舒适、自由但又能让我集中注意力的工作角落。这个空间可能不拘泥于传统，但它能让我感到放松和安全，帮助我快速进入工作状态。

（6）保持积极的心态：面对任务时，我会保持积极心态，告诉自己"我可以，我很棒"。每当遇到问题，我不再担心而是马上行动。任何任务，想得再多也没有实际效果，只有行动才能带来结果。

（7）时间管理：我会使用日程表或时间管理 **App** 来规划每日任务，这样可以清晰地知道自己要做什么，避免拖延。

（8）寻求伙伴的支持：我找到了志同道合的小伙伴们，一起设定目标、互相监督，或参加一些目标训练营。这种伙伴间的支持和互动，让我更加有动力去完成任务。

三、实践行动力，打破自我设限

尽管知道这些方法，但从理论到实践的转化依然需要很多努力。接着，我加入了自由人生平台的销售行动营，并开始积极参与营内的活动。在营中的第一天，我便因目标感而废寝忘食地翻朋友圈找客户。那是我第一次放下面子，主动出击。通过和其他行动力强的人学习，我意识到，自己其实是可以做到的。教练的支持和鼓励让我深刻体会到，当潜意识真的想要某个目标时，行动力是惊人的。我不再怕麻烦，敢于面对挑战，不再感到拖延和内耗，而是能够专注于解决问题。

最终，我不仅完成了销售任务，还得到了团队认可。在结营时，我作为优秀学员分享了自己的经验，特别是如何克服拖延症，找到目标感的过程。此后，我又参加了平台的个人品牌实操营，并通过 21 天的学习与直播发售感受到了在创业过程中行动力、目标感和客户管理的重要性。在这一过程中，我不断反思、调整，最终我不仅拿到了 MVP 发售的双冠军，还成功克服了拖延症，找到了目标感。这一切让我感到无比开心，因为这是我从内到外的蜕变。

如果你还在等待"完美时刻"，总是把事情推到明天，那么请记住，"明日复明日，明日何其多"。如果你渴望改变，却总是停留在想法上不付诸行动，那不妨从现在就开始吧。拖延症会让你错失许多机会，甚至会让你的人生发生改变，陷入负面情绪中，影响工作和生活的顺利进行。如果你正在和拖延症斗争，不妨和我一起行动起来。拒绝拖延，即刻行动，让自己保持积极的生活态度。

让我们一起摆脱犹豫和失去信心的困境,坚信只要持之以恒,付出努力,我们一定能打破拖延的枷锁,迎接更加高效和成功的未来,勇敢地迈出每一步,去追逐属于自己的梦想和目标!

> 小不：毕业于美国伊利诺伊大学香槟分校；现任互联网大厂程序员和小红书影响力教练，擅长运用小红书养成系方法论；旨在帮助更多想实现自我价值的女性，打造自己的小红书影响力；微信号602844493。

5.2 打破完美主义，在行动中找到答案

从小到大，我一直是令父母放心的好孩子，老师眼中的好学生。高三直接保送大学，大学一年级时，由于不喜欢当时的专业，我决定退学去国外读本科，并成功进入 Top 10 的商学院，完成了本科学业。之后，我又在一所综合排名 Top 30 的学校完成了研究生学业并取得硕士学位。毕业后回国，我进入某大型互联网公司做程序员，并在短时间内成功晋升。在别人眼中，我的人生似乎是令人羡慕的，但在工作快两年的时候，我却陷入了长期的迷茫和内耗。

其实，从一开始，我就没有明确的答案，不知道自己喜欢什么，擅长什么。无论是学校的专业选择，还是工作的决定，都不过是我跟随社会热点做出的选择，而非我内心的真正渴望。

由于商科在当时很火,大家都在争相进入金融、会计等领域,因此我在申请国外大学时选择了商学院。然而,到了大四时,我对未来的工作感到迷茫,甚至对是否继续攻读研究生产生了疑虑。那时,我根本不知道自己未来想做什么,继续读研又有何意义。当时,"Gap Year(间隔年)"这一概念还不流行,我也曾考虑过休学去探索自我,但看到身边的同学都在备考研究生,我害怕被同龄人甩在身后,这种恐惧促使我最终选择了继续深造。

我所学的专业是统计学,这与我当初选择商学院的理由一样,都是因为当时大数据和统计学的应用开始流行,社会的关注点已经转向了这一领域。

当研究生毕业面临就业选择时,我依然没有找到答案。我发现,自己始终被外界的声音牵着走,几乎没有真正思考过自己想做什么。因此,我又一次盲目地追随了社会热点,选择了当时最火、收入较高的程序员岗位。

由于长期逃避面对内心真实的声音,在实现成功晋升的小目标之后,我感到越来越迷茫,甚至不知道下一步该做什么。记得有一天,我早上吃完早餐,身体却因为生理性厌恶而不愿去上班。

终于,我意识到,不能再继续这样下去了。我想找到真正的自我,弄清楚我是谁,想要为这个世界带来什么。于是,我开始了自我救赎。

面对这延迟了二十多年的"自我探索",该如何开始呢?我想起了自己在写 offer 经验帖时反复强调的一句话:"现在有什么就用什么,先找到切入点,目标是一点一点达成的。"例如,你想要得到大公司的秋招 offer,那么可能需要先有小公司的实习经历。那如何获得小公司的实习机会呢?首先你得有项目经验,而我们在学校里就有机会接触到这些项目,这些项目可以成为切入点,通过这些项目经验去争取实习机会,最终拿到大公司的 offer。同样的思路也适用于我的自我探索问题。

一、从迷茫到行动:迈出人生转折的第一步

有一天,我突然想到上学时有位老师为我们答疑解惑,不禁发问:难道毕业之后,就没有人能帮助我们摆脱迷茫的状态了吗?这时,我突然想到了大学时曾听过的一种职业——人生教练。那是在 2020 年,我在国外加入了一个北美女性职场微信群,大家在群里讨论职场和家庭的问题。有一天,群里的女孩小 A 抛出了自己的困惑,昵称为"life coach(人生教练)"的女孩小 B 并没有直接给出答案,而是先提了几个问题来帮小 A 厘清思路。这个互动方式让我感到十分惊讶,原来可以通过提问的方式引导他人自己找到答案。虽然后来我又被其他

的社会热点吸引，但这段经历一直在我的心里。

现在，我是否也可以找一个 life coach 来帮我厘清思路，走出迷茫，找到人生的方向呢？更进一步，我是否也可以通过学习成为 life coach，除了帮助自己，也帮助那些曾经像我一样迷茫的年轻人呢？

回顾过去，我发现自己其实是一个乐于帮助别人的人。拿到 offer 后，我曾写过一篇几千字的经验帖，发布在豆瓣的技术女性社区，收获了几千个点赞和收藏，至今仍有人在关注这篇文章。除此之外，我发现自己更关心的是"人"而非"事"。每当浏览社交媒体时，打动我的是别人分享的情绪和感受，我不自觉地会去想象她是什么样的人，是什么让她产生这样的想法。相比之下，面对那些分析事件的帖子，我常常感到些许迟钝。另外，很多朋友跟我反馈，我擅长倾听，懂得共情。这些特点似乎都与 life coach 的工作相似。

渐渐地，我的行动切入点变得愈加清晰。我开始在网上查询 life coach 的相关信息，越了解越激动。终于，我做出了人生中第一次发自内心的决定——没有任何犹豫，没有与他人商量——成为一名 life coach，更好地理解自己，发现人生的价值。

每个人的资源不同，但思路是一样的：你当前拥有的资源就是你可以利用的切入点，从小处着手，循序渐进，一步一步达到目标。

二、行动驱动成长:如何通过实践找到人生方向

起初,我十分担忧本职工作的忙碌会致使自己无暇学习人生教练的课程。然而,当我真正投身其中时,才发觉内心的强烈渴望能让困难变得不值一提。

每日清晨,我在地铁上观看教练课程;下班途中,聆听直播课或者旁听其他学员的督导考核。有时晚上九点或十点到家后,还会与客户进行一小时的教练对话。周末,我会集中精力学习,回放录音并复盘对话,同时利用碎片时间与客户交流对话议程,提前熟悉问卷和议题以便充分准备。

记忆里最拼命的一周,我在工作之余投入了15个小时学习教练技术,除了基本生活需求,几乎所有时间都沉浸在知识的汲取中。虽然暂停了诸如刷剧、玩手机或外出旅行等传统娱乐活动,但内心却充盈着满足感,因为我深知这是源自内心的选择。

或许冥冥之中自有安排,在持续行动的过程中,我逐渐找到了关于自我身份、擅长领域和喜好的答案。

学习教练技术20多天后,我迎来了首次督导考核,督导指出了我的亲和力强、表达能力清晰以及理性感性兼具等优点。

进入学习的第二个月，不少网友私信邀请我参与付费教练对话。在与真实客户的交流互动里，我意识到自己捕捉非语言表达的敏锐度高且沟通效果佳。我一直秉持接纳包容的态度对待客户，每次深度对话都让我收获满满的成就感。

到了学习的第三个月，我开始将更多精力放在"人"的层面。对客户提出的议题深入探究，助力客户挖掘自身的天赋、驱动力、信念和价值观，协助他们明晰自己想成为怎样的人。在第三次督导考核中，我成功帮助客户找到了人生最想扮演的角色，并做出了选择，客户对此非常感激。

除了学习教练技术，我还开始在小红书上创作。我希望将自己学习教练技术和自我探索的过程记录下来，分享给与我有相似境遇的人，给予他们一些启发。回想过去，在我的成长过程中，曾有许多人在社交媒体上无私分享他们的经验，这些分享对我的成长起到了巨大的作用。因此，现在我也希望通过记录自己的成长，成为那位带给别人光明的人。

那时，小红书上有一个非常流行的笔记系列，叫"重启人生"。我觉得这与我当前的自我探索主题完美契合。过去，我总是被外界的声音牵着走，而现在，我正在努力找到自己的人生方向，这岂不是一种"重启人生"？于是，我决定开始每周一次的"重启人生周记"，内容涵盖我的自我探索、副业探索和世界探索的进展与思考。在创作过程中，我明显感受到自己进入了心流状态，通过文字能够将自己的想法传递给世界的每个人。每一次写作，我都非常投入，甚至有些忘我。

让我没想到的是，在写作过程中，我发现自己其实有很多创作灵感，几乎不会遇到选题枯竭的情况。小时候，我一直认为自己不喜欢写作，但现在我才意识到，我其实并不喜欢写命题作文，而是热爱自由创作和表达。初中开始玩 QQ 空间、微博，每个账号分享的内容都不一样。日常生活中，我也习惯性地将想法和创意记录在手机的备忘录里，现在不知不觉已经积累了 1000 多条。

更令我惊讶的是，我的文字竟然非常有感染力。入驻小红书的第一个月，我就收到了第一个付费客户的咨询。她和我同样在互联网公司工作，看到我分享的心路历程后，她觉得我能够理解她的处境。

在小红书写作的第二个月，我收到了超过 50 条关于教练对话的私信咨询，并吸引了大量和我背景相似的粉丝关注。这些粉丝大多毕业于国内外名校，虽然取得了传统意义上的成功，但仍然对未来感到迷茫和无助，希望能规划出新的职业方向。他们被我的文字打动，仿佛看到了另一个自己。

那一刻，我突然意识到自己具备很好的用户思维和营销思维。我知道如何通过文字，与读者建立联系，并能从在读者的角度出发，分享最能帮助他们的内容，实现自我营销的目标。同时，我也发现自己在审美方面有独特的眼光，自己设计的小红书笔记封面和版式常常受到大家的喜欢。

这一切，都源于我付诸行动的结果。如果我没有实际行动，与他人互动，而是一直困在原地不做任何改变，那么这些答案永远不会浮现。我的所有假设只会停留在脑海中，无法得到验证。在我的客户中，有许多人总是思考了很多，却不行动，因此陷入了迷茫和纠结的死循环。其实，只要敢于采取行动，即便结果不如预期，也能从中得到答案——可能用了错的方法，或者这条路并不适合，这样就能排除错误选项，接着调整方向，继续行动，寻找前方的正确答案。

人生的答案绝不是从天而降，而是通过我们的行动，一步步获得的。

三、突破完美主义：在行动中发现自己的真正潜力

在我刚开始学习教练技术时，督导教练曾告诉我，从学习的第一天起，就要自信地告诉别人自己是一名教练。尽管如此，当时的我还是缺乏底气。然而，教练班的第一个作业要求

我们必须找到客户进行一次教练对话，才能解锁后续课程。因此，我在学习了仅五天后，就硬着头皮进行了自己作为教练的第一次对话。在准备对话之前，我对着教练的 GROW 模型问题大纲愁眉苦脸，担心自己问不出有效问题，担心对方会觉得我浪费她的时间。是否能真正帮助到客户，我心里充满疑虑。

然而，真正开始对话后，我发现这些担忧大多只是我的想象。凭借着天生的好奇心，我能够根据客户的回答，自然地提出下一个问题，顺利完成整个教练对话流程。客户也因此获得了清晰的思路，并给了我积极的反馈，认为我能够抓住关键词、思路清晰，且善于进行开放式引导。同时，她还预约了下一次对话。当然，客户也给出了真实的建议，指出我的提问可以更加自然和轻松。

这次经历，在很大程度上打破了我固有的思维模式。作为一名从小对自己要求极高的完美主义者，我总是倾向于多做准备，等到自己准备充分后才行动。但随着年龄的增长，我渐渐明白，人生中并没有所谓的"完美准备"。越是想要准备好，越容易陷入自我怀疑，觉得自己总有某些方面没有做到位，最终把眼前的机会错失。

我记得第一次找实习工作的时候，面试官一般会要求求职者做一些题目。我因为没有刷过题目，迟迟不敢投简历，总想着先刷几道题再投。机会并不会等人，当我还在犹豫是否准备好时，心仪公司的招聘窗口已经关闭了，我错失了参与面试的机会，也无法知道他们看重的实习生特质是什么。由于没有得到面试反馈，我也没有明确的方向来调整自己的准备。虽然其他同学的水平和我差不多，但他们通过早期面试积累了经验，早早收到了实习 offer，而我却依然停留在原地。

实际上，成长和进步并不是通过等待"完美准备"而实现的，而是通过及时抓住每一次机会进行实践和行动。如果你成功了，应该为自己的成功庆祝；如果失败了，就对失败进行复盘，从中获得经验。没有教练作业的设置，我可能会拖延一个月都不敢开始对话，无法及时发现自己作为教练的优点和需要改进的地方，我也错过了一个更加高效的成长路径。

带着这种从行动中成长的心态，尽管感到紧张，因为这次是付费对话，更需要对客户负责，但我还是决定接下这个邀约，去体验与陌生人对话的感觉。如果结果不如预期，我可以选择退还费用。但令我惊讶的是，客户给了我满额的随喜对话费用，并表示感谢，认为我帮助她做出了重要的人生决定。这次付费对话极大增强了我的信心，原来我真有能力帮助客户解决问题。这种信心支撑我接下了一个又一个的付费对话预约，我也在一次次实践中总结经验，不断提升自己的教练水平。

除了教练这条线，我的小红书创作能力也在每周的写作中不断成长，甚至开始有同行向我咨询小红书运营的秘诀。在一次社群活动中，我主动申请了 15 分钟的知识分享，分享我是如何通过小红书快速起步、引流获客的经验。为了准备这次分享，我有意识地总结了我的小红书运营方法，并形成了初步的知识库框架。通过这次分享，我的小红书运营能力得到了更多人的关注。

三个月后，我有幸被邀请成为小红书打卡营的队长，进一步完善了小红书定位选题的方法论，带领 30 多人一起设计自己的选题库和品牌定位。两个月后，我顺势推出了自己的小红书 MVP 咨询产品，帮助更多教练咨询师或想开展副业的在职人士通过小红书精准引流获得价值，首发福利价的产品迅速售罄。

在与客户进行一对一咨询时，我结合客户的需求与痛点，不断精进自己的运营方法论。十个月后，我举办了 90 分钟的小红书运营公开课，获得了 100% 的好评。这些我在小红书运营方面的成长和成就，都是通过一次次创作、分享和咨询积累起来的。

　　行动是最好的老师，它能让你清晰地看到在前行的过程中所欠缺的地方。当你能够直面挑战，克服困难时，你就能获得真正的成长，避免走很多弯路。

> 颜家琪：毕业于惠灵顿维多利亚大学；在校期间打破不敢说英语的局限，被选中参加研究生项目展会，成为学校分享会主讲人之一；在新西兰本地招聘会上击败 500 多名本地学生斩获工作 offer；副业是一名留学生陪跑教练，希望每位留学生都能通过自我觉察，重启人生！微信号 Jackiejiaqi2021。

5.3　改变认知行为，从自卑走向自信

从自卑走向自信，我发现美好生活是内在力量的外在显露。

我的成长历程充满波折。物质上虽不匮乏，但内在困境让我历经许多挫折，直到最近我才找到前进的方向。催眠疗愈教练曾对我说："原生家庭是每个孩子的起跑线。"回顾过往，我也比较认同教练说的话。

我年少时在家中缺乏足够的关爱，加之本身敏感，导致我长大后在人际交往中困难重重，渐渐对他人产生不信任，进而变得自卑且内耗严重。曾经积极的心态渐渐消逝，取而代之的是疏离与恐惧，即便渴望关爱，却仍活得孤独疲惫。

最迷茫的那段时间，我在新西兰。本科毕业后，我未选

择所学专业的相关工作，而是分别在华人餐厅当服务员、在便利店工作。那时的我，被内心的自我攻击所驱使，几乎丧失了自我提升的欲望，甚至产生过极端行为的念头。

几个月后，我决定离开餐厅和便利店，带着全部行李开车前往新西兰南岛更偏远的地方，开始我的旅居生活。我做过樱桃采摘员、咖啡店店员等各种工作。靠着打零工，我来到了新西兰南岛的最南端——因弗卡吉尔。当时的我处于崩溃的边缘，尽管身边有些人愿意伸出援手，但我的内心深处没有一丝火光。

转机出现在某个下午，我做出了要真正担负起自己人生责任的决定。如今回头看，我才意识到，那是我人生中的一个关键转折点。从那时起，我开始真正地花时间在自己身上，并且去认识自己，也逐渐意识到生活的困境并不是由外部环境造成的，而是因为内在的痛苦和封闭造成的。

因为不断觉察以及有意识地去培养内在的力量，我逐渐重拾了对生活的热情与动力。现在的我，已经与当时截然不同。我拥有一群真心的朋友，身处一个轻松的工作环境，从事着自己感兴趣的商业分析师工作。最重要的是，我的内心变得更加坚忍和健康。面对困难时，我不再敏感和脆弱，能够有效地调节情绪、独立思考。

一、从冥想开始，学习审视自己的身体和生活

因弗卡吉尔的生活令人抑郁，我几乎每天都无法进食，精神高度紧张，每天只睡四五个小时，醒来后依然感到无比疲惫。为了缓解这种高度紧张的精神状态，我开始尝试冥想。

我坐在床上，双腿盘起，闭上眼睛，将注意力集中在自己的呼吸上。刚开始时，注意力总是无法集中，脑海中充满了各种纷乱的念头。但是渐渐地，我开始能够清晰地感受到空气从鼻腔进入和流出的感觉。就在那个瞬间，我突然意识到自己可以用一种全新的视角——上帝视角，也就是所谓的"观察者视角"来观察自己的生活。

我看到自己的性格是如何被原生家庭的影响塑造的，又是如何将过去的伤痛内化成了自己的一部分。我的弱点、过往决策，以及这些决策带来的后果，都变得清晰可见。通过这种方式，我完整地回顾了自己不长也不短的23年人生。

我不禁问自己：我曾经是一个如此骄傲的人，为什么会允许自己活得如此没有战斗力、没有生命力？我真的甘心就这样过这一生吗？

接着，我开始尝试将这些经历写下来，并在关键事

件中找到联系，我发现自己身上有一些严重消耗生命力的缺点。比如：

喜欢逃避困难，选择走捷径。每次面对困难，尤其是失败时，那种感觉让我无法承受。总会回忆过去的成就，借此让自己活在虚幻的美好回忆里。直到很久以后我才意识到，回忆就像一条逆流而上的带刺藤蔓。当我拒绝成长，紧紧抓住过去的荣光不放时，时间却在推着我向前，而我对过去的执着只会带来更多的伤害。只有放下过去，重新向前看，才能真正走向真实的生活。

在大学时，我也曾经陷入过这种状态。因为我不懂得正确反思，总是将所有过错归咎于别人，结果使自己变得缺乏安全感、极度内耗，觉得周围的人都在伤害我、不珍惜我。我没有勇气承担生命中的责任，而是把自己放在了"受害者"的位置。这种态度极为不成熟，也让我错失了成长的机会。

通过这次重新审视自己的经历，我意识到自己仍然有许多梦想和目标。还有许多地方我想去看看，许多事情还未做。我希望能精彩地、不留遗憾地过完这一生。

于是，我决定自救，靠着最后一点自救的本能回到了我出发的起点城市。在一个偶然的机会下，我接触到了人生教练。

二、把注意力放在自己身上

一天,我在微信公众号上看到了一篇文章,讲述的是一个女孩因为不喜欢国内的工作和生活,毅然决定辞职,和新婚丈夫一起搬到新西兰重新开始的故事,这个女孩名叫 Alina 霖子。读完她的故事后,我被她敢想敢做,并且总能将理想付诸实践的毅力和勇气所打动,那正是我在那段时间急需的能量。于是,我疯狂地阅读她在公众号上更新的每一篇文章。那些文章深刻、发人深省,每次阅读我都觉得自己被狠狠地扇了一巴掌,仿佛有人用文字将我从梦中唤醒。

其中有一篇文章对我产生了巨大的影响,彻底改变了我当时混乱的思维和糟糕的情绪。

这篇文章中提到,Alina 霖子一直在向自己发问:"我想要什么样的生活?""我想要做什么样的人?"她不断地在这些问题的引导下,努力向自己的答案靠近。

这两个问题我在第一次认真思考时,我的大脑一片空白,根本无法给出明确的答案。

在我 23 年的生活中,有一半时间都在被父母感情不和的问题所困扰。我像个小大人一样,努力思考如何缓解父母之间的关系,如何让妈妈少受伤。而另一半时间,我关闭了与世界的真实互动,把自己所有的爱和需求都投射到他人身上,像是一只飞蛾扑火，哪里有爱就扑向哪里。我根本没有想过：我想要什么样的生活？

这个问题，像一把钥匙打开了我内心的某个枷锁。尽管第一次向自己提问时我没有得到任何收获，但我学会了自问自答，不断地确认自己真正的心意。

我开始思考：我来到这个世界上到底是为了什么？我想要以怎样的方式度过这一生？

那时，我的姑妈是家族中见多识广的人之一，父亲特意安排她和我交流，希望能为我提供一些建议。在了解了我的情况后，姑妈强烈推荐我考研，她认为上研究生能够帮助我摆脱当下的迷茫。

然而，我的内心告诉我，我不想以这种状态去上学。更重要的是，我根本不知道自己想读什么专业。如果仅仅是因为热门或趋势去选择专业，那对我来说毫无意义，简直就是白白浪费钱。因此，我选择了听从自己内心的声音，做出独立的决定。

那是我第一次反抗家里人。做出这个决定并不容易，我的内心充满了不安。我不停地问自己："这样做对吗？如果错了怎么办？"事实证明，当我开始工作后，我的能力逐渐展现出来。这不仅帮助我恢复了自信，也让我更加坚信自己能做好每一件具体的事。当一项项任务完成时，我体验到了前所未有的满足感和自信,因为我开始相信自己能做好这些事情。

于是,我不断练习为自己做决定,也开始逐渐习惯并享受为自己的人生做决定的过程。我觉得自己对生活的掌控感越来越强。

如果你正处于迷茫和自信不足的阶段,建议可以通过人生教练中的"理解层次模型"来厘清自己的答案,从而更好地管理自己的生活:

- 使命或精神:如果没有任何限制,你希望这一生能为这个世界留下怎样的印记?
- 身份认同:当别人提到你的名字时,你希望他们用什么样的词语来形容你?
- 信念和价值观:在做出重要决定时,你遵循的核心原则或信念是什么?
- 能力:为了实现你的目标,你需要掌握哪些新技能或加强哪方面的能力?
- 行为:在日常生活中,你的哪些具体行为体现了你的信念和价值观?
- 环境:你目前的环境是否支持你实现目标?如果不,哪些变化是必要的?

三、学会训练自己的大脑和意识

2022年,我正式开始学习人生教练课程。这次学习让我学会了更科学的方法与自我对话,也掌握了调节情绪的技巧。

通过之前的训练,我在做出人生选择时变得更加得心应手,拖延和自我怀疑的情况也大大减少。反思这一过程时,我发现每次想要退缩时,背后其实是大脑向我投递失败的画面。无意识中,我接收了这些负面暗示,并掉进了大脑编织的恐惧陷阱里,为那些未发生的事情感到焦虑和不安。

研究表明,大脑之所以这样反应,是因为它在试图保护我们,避免可能的伤害。还有研究表明,大脑非常容易受到暗示的影响。如果我们给予自己积极的暗示,脑海中的想法往往就会变成现实。

虽然我早就听说过"能量调频"能够帮助人实现愿望的力量,但直到真正尝试,我才深刻理解这一方法的实际效果。这次机会恰逢新西兰一年一度的实习招聘活动,竞争异常激烈。在这个过程中,我运用了能量调频的方法,帮助自己调整心态,最终成功收获一次全英文工作环境的实习机会。

如何运用"能量调频"来保持在高能量的状态中,以帮助自己应对生活中的各种挑战呢？方法如下：

1. 面对压力时，提醒自己：感觉只是感觉，不是现实

当你感到有压力或恐惧时，先提醒自己，恐惧的感觉只是暂时的情绪反应，并不代表现实。通过这样一句简单的提醒，你能让自己摆脱大脑的幻境，回到客观的现实中，保持冷静和理性。

2. 想象自己已经完成了害怕的任务

闭上眼睛，想象自己已经成功完成了当前害怕的任务。尽量将场景描述得越具体越好，想象自己已经取得了理想的结果，感受自己从中获得的满足和喜悦。因为大脑会将想象当成真实的经历处理，这样的画面可以让你产生积极的情绪和能量。

3. 睁开眼睛，带着愉悦的感觉行动

当你感受到这种积极的情绪时，睁开眼睛，并带着这种愉悦的感觉，集中精力完成当前的任务。将注意力从恐惧中转移到手头的事情上，按照你的节奏去行动。

4. 高质量完成任务，收获成功

当你以积极的心态去完成任务时，你的成果必定不会差。成功不仅仅是结果，更是过程中的自信积累。

内在如果缺乏力量和自信的人在做很多事情时，往往会感到无力。即使知道方法，他们也没有足够的能量去实践。相

反，当我们拥有足够的内在力量时，任何方法和技巧都会变得更加有用。因此，我们必须保护自己的能量，学会成为一个高能量的人，不仅能应对挑战，还能创造属于自己的美好生活。

> 诺拉：曾任毕马威、西安杨森和光辉国际总经理助理；是生涯规划师、企业人力资源管理师（一级）、个人形象顾问（中级）以及高级瑜伽导师；擅长职场提升、自我提升以及投资理财；微信号nuoladexiaoyuzhou。

5.4 时间分配法则，从焦虑到平和的转变

在繁忙的工作日清晨，钟表的指针指向七点，我匆匆告别还在熟睡的孩子，挤进地铁。此时，我的脑海里已被今日待办事项填满。到了单位后，手机也开始不停震动，同事们陆续找我对接工作：A 需要我安排一个与领导讨论项目进展的时间，并希望能选择领导心情好的时段；B 则需要我向领导询问他的项目意向书迟迟未签字的原因；同行们频频发来消息，生怕错过了合作的机会，情绪中还夹杂着一丝不满和焦虑……这一幕，是否让你感同身受？

在这个快节奏的社会里，职场妈妈需要频繁在工作与家庭之间切换角色，努力做到完美，却也往往在焦虑中徘徊。作为曾在外企担任高管助理十余年的职场妈妈，我深知时间与精力分配的重要性。从《穿普拉达的女魔头》中的职场梦想，到

孩子出生后生活彻底改变的现实，每一步都让我更明白：时间管理的真正含义不仅仅是高效，更多的是找到适合自己的节奏，让生活的各个部分都能和谐共处。要拥有平和的内心，需要科学的时间规划与精力管理的智慧。

回顾自己的"时间管理之路"，我也尝试过很多方法，经历过许多挑战。今天，我将与正在阅读的你分享我的一些经验。我的时间管理经历分为三个阶段：从无序到有序，从有序到高效，从高效到平和。这三个阶段逐步带领我走向了更加充实、平衡的生活状态。

一、从无序到有序

职场妈妈的一天通常不简单——每天清晨，我们需要在短短的几十分钟内梳洗打扮，安排孩子的穿衣吃饭，检查群里的老师通知是否有遗漏，还要为即将开始的工作做规划。当我们忙碌于这些琐事时，突如其来的通知和孩子的小意外，比如忘带东西、生病、受伤等，常常会让所有的时间安排瞬间崩塌。这种无序并非偶然，而是职场妈妈生活的一个常态。任务杂乱无章，优先级模糊，我们在"工作要求"和"家庭责任"之间疲于奔波，常常感到情绪和精力的消耗殆尽。

当我意识到自己的焦虑源自"无序"时，时间管理的首要目标便是将"无序"转化为"有序"。

1. 任务清单法：列出所有待办事项，让时间"看得见"，让大脑"卸载"

无序感往往源于信息的"堆积"：未完成的会议任务、孩子的作业检查、即将到来的节日聚会等。这些任务在大脑中盘旋，既占据思维空间，又分散注意力。心理学家乔治·A·米勒在1956年提出的"工作记忆容量"理论表明，人类大脑在短期内能记住的信息大致为7个项目，因此，我们摆脱无序感的第一步就是将任务列出清单，做到可视化。

（1）学会记录时间。每天早晨，用五分钟的时间把当天所有需要完成的任务列清单，哪怕是最琐碎的事项。把大脑中的"负担"转移到纸面或电子清单上，会立刻感到轻松许多。

（2）用时间和关键词来清晰描述每个任务。例如："9:00~11:00 开全员沟通会，检查设备，确认发言人名单"或"20:00 前陪孩子完成英语作业"。明确的描述能帮助我们快速回忆并高效执行。

（3）善用任务管理的工具。手写和电子化管理各有优点，重要的是让任务安排有迹可循，做到清晰可视。如果你喜欢手写，可以选择"效率手册"，可以是购买现成的，也可以自己制作。电子化管理工具种类繁多，我一直在使用印象笔记。它不仅能够记录日程、写日记、做思维导图、存储语音笔记，还具备强大的深度检索功能，甚至可以从图片中提取文字。

2. 时间管理法：化解混乱，找到优先级

并非每一件事都需要"立刻完成"。没有优先级，就容易陷入无序的状态。根据任务的"重要性"和"紧急性"划分为四个方面：

（1）第一方面（重要且紧急）：立刻行动，如马上要截止的任务或孩子生病需要就医。

（2）第二方面（重要但不紧急）：制订计划逐步完成，比如自我学习或家庭预算规划。

（3）第三方面（紧急但不重要）：能否委托他人？例如一些临时性、琐碎性任务。

（4）第四方面（不重要也不紧急）：放下，不必耗费精力。

每晚花10分钟，对次日的任务进行象限划分，这样一早就能清晰地知道哪些事需要优先完成，哪些事可以请别人帮忙，哪些事可以不做。

不要小看这种简单的时间管理方法，事实上很多企业里，无论是担任总助理还是支持部门的小助理，都会通过列任务清单，给每项任务标上优先级，再根据完成情况打上标记。

无序本身并不可怕，真正可怕的是放任无序占据我们的时间和精力。因此，学会用任务清单理顺事务，用象限法抓住重点，用规划工具搭建可视化的秩序感，成为我迈向高效的第一步。

重要又紧急(优先处理)	重要不紧急(制订计划)
1. 孩子生病 2. 重要会议 3. 面临截止的工作 4. 5.	1. 学习专业知识 2. 家庭活动规划 3. 4. 5.
紧急不重要(抽空处理)	不重要不紧急(交给他人)
1. 不太重要的邮件 2. 3. 4. 5.	1. 刷手机 2. 无效社交 3. 4. 5.

二、从有序到高效

当生活逐渐从混乱的无序走向井然有序，时间安排看似已经步入正轨，但新的问题却随之而来："时间似乎永远不够用"。虽然任务清单整齐划一，但每天依然感到有做不完的事情。碎片化的时间被用来刷手机或处理琐事，结果却没有真正发挥它们的价值。效率的低下让有序的生活陷入了"高负荷、低产出"的怪圈。

尤其是作为总助理的工作，常常需要在多个任务间多线作战，随时待命。工作时间结束并不意味着工作已经结束，回到家后，尽管刚刚经历了一天高强度的项目沟通，我依然不能忽视孩子的需求,"妈妈,陪我玩一会儿"是我无法拒绝的呼唤。

随着时间安排越来越满,效率反而越来越低,问题的根本并不在于时间本身,而是在于如何合理分配精力。从"有序"到"高效",我们需要对时间和任务结构进行进一步调整。

为了打破"忙碌却低效"的困境,我尝试了多种方法,最终发现以下三种工具对我帮助最大,让我的时间真正为我所用:

1. 时间分块法:让任务有归属,避免"任务漂移"

尽管一心多用看似高效,但研究表明,多线工作的效率要低40%,原因在于任务切换时精力的流失。时间分块法是一种非常高效的时间管理策略,其核心思想是将一天的时间分为多个专注时段,每个时段专注处理某一类任务。这样可以有效避免任务之间的切换,减少精力分散造成的低效。

(1)可以根据任务的性质进行分块:

- 深度工作时段:例如撰写会议PPT、策划方案等需要高度集中注意力的任务。
- 沟通协调时段:如邮件回复、会议安排等互动性事务。
- 碎片处理时段:处理待办事项、行政琐事等短时任务。

(2)为每个时段设置固定时间,并明确时长。例如,每天上午9:00至12:00安排深度工作,下午2:00至4:00处理沟通事务。这样一来，每项任务都有其固定的时间段，避免了任务之间的不断切换。

2. 番茄钟工作法

每个时间块可以结合番茄钟工作法来使用。通过番茄钟（通常为 25 分钟的专注时间和 5 分钟的休息时间）来帮助我们集中注意力。在每个番茄钟的专注时间内，排除一切干扰，全身心投入任务。每完成一个番茄钟，就可以休息 5 分钟，放松一下再进行下一个周期。

例如，在预计需要三个番茄钟的时间块里，我用来完成会议 PPT 制作。在这 25 分钟专注时间内，我尽量避免所有的干扰，如果有电话或同事的咨询，我会记在本子上，等休息时一并处理。

很多效率达人在使用 Forest App，它不仅可以设置 10 ~ 120 分钟的专注周期，还可以帮助你建立专注的习惯。每次专注完成后，休息 5 ~ 10 分钟，然后再进行下一个专注周期。

不管哪种工具，找到适合自己的那个工具就好。通过这种方法，时间变得更加结构化，每项任务都能高效地完成，避免了由于任务切换带来的效率低下。

3. 黄金时间法则：最大化利用"巅峰时刻"

每个人的生物钟不同，但几乎每个人都有一个"黄金时段"——这个时间段是你精力最旺盛、注意力最集中的时刻。在这个时段,你的生产力和创造力达到巅峰,是完成高难度任务的最佳时机。

黄金时间法则的核心就是要最大化利用这一段"巅峰时间",通过观察和记录你一天中精力最充沛的时段,安排最重要、最有挑战性的任务。例如,我发现我的黄金时间是上午 10:00 到 12:00,以及晚上 8:00 到 11:00。这是我进行创意性工作和深度思考的最佳时段。

在黄金时间内,专注于最重要的工作,并避免处理低价值任务,比如回复简单邮件或浏览社交媒体。为了确保不被打扰,可以关闭手机通知,使用降噪耳机,或者选择一个安静的环境工作。

很多高效的时间管理者会将时间分块法、番茄钟工作法和黄金时间法结合起来,进一步提高效率。例如,安排任务时,我会在上午的黄金时间专注完成复杂的工作任务,使用番茄钟将任务拆分为多个短周期,集中精力在每个时间块内高效完成。而在晚上的黄金时段,我则专注于创作、思考或深度学习,这样能最大化利用我的巅峰时刻。通过这种时间管理方法,我在学习法语和撰写文案时也取得了显著进展。晚上黄金时间,我会陪孩子学习和交流,确保家庭生活与个人成长之间达到平衡。

三、从高效到平和

当你掌握了有效的时间管理方法后，便能轻松从"高效"过渡到"平和"的生活状态。对于职场妈妈而言，高效工作只是过程，自我实现才是最终目标。2017年，我决定离开看似光鲜的职场，开启全新的职业发展路径。从那时起，我意识到，时间管理的重心不再是完成任务，而是实现更大的目标。而目标的实现，需要拥有全局观，并从结果出发反向推导行动计划。于是，OKR（objectives and key results，目标管理法）成为我实现人生目标的重要工具。

OKR的核心在于通过明确的目标（O）和可衡量的关键结果（KR）来推动目标导向的行动模式。与传统的任务管理不同，OKR不仅明确"做什么"，更能回答"为什么做"，帮助我们聚焦于重要的目标，避免迷失在日常琐事中。

O（目标）：目标是激励性的，它描述了你想要实现的方向，通常是简单而明确的描述。KR（关键结果）：关键结果是衡量目标实现的标准，必须是清晰、可量化的。

OKR的魅力在于，它不仅帮助我们明确任务，还能帮助我们回答每项行动如何服务于更大的目标，确保在高效完成任务的同时，不会偏离最重要的方向。那么如何用OKR管理时间和精力呢？

1. 分解目标，建立全局观

使用 OKR 时，首先将大目标拆解成可衡量的关键结果。目标要符合 SMART 原则，即：具体的（specific）、可衡量的（measurable）、可达成的（achievable）、相关的（relevant）和时限的（time-bound）。有了清晰的框架，你可以明确哪些任务是最重要的，并将时间和精力优先分配给这些任务。

2. 聚焦优先级，拒绝"效率陷阱"

很多人高效完成大量任务，但最终却发现这些任务并没有带来实质性的进展。OKR 帮助我们集中精力，聚焦于关键结果，避免浪费时间在低价值的事务上。例如，通过设定 KR，明确本周最重要的任务是完成与 O（目标）相关的核心任务，而不是回复大量无关的邮件。

3. 动态调整，避免"忙碌惯性"

OKR 强调定期回顾和调整，我们可以每周花 15 分钟审视目标的进展，评估哪些行动有效，哪些需要优化。通过不断调整，避免陷入忙碌却没有意义的惯性，让努力始终朝着正确的方向前进。

例如，我的目标是成为一名商业教练。为此，我使用 OKR 来规划目标的实现步骤：

（1）目标（O）：三个月内完成教练认证。

（2）关键结果（KR1）：完成线上课程并整理成思维导图。

（3）关键结果（KR2）：找人练习5次，并录制视频复盘。

（4）关键结果（KR3）：约定督导练习，提交录音和对话笔记，完成考核。

将这些关键结果拆解成每周的任务，再进行定期复盘，确保自己在正确的轨道上不断进步。我还会使用AKPT（achievement成就、keep保持、problem问题、try尝试）方式进行复盘，帮助自己总结经验，发现问题并及时调整策略。

从高效到平和的转变，不仅是提高工作效率的过程，更是实现自我目标与价值的过程。通过番茄钟、黄金时间法则与OKR的结合，我们不仅能够更高效地完成工作，还能在更短的时间内实现更高价值的成果，最终实现个人和家庭的平衡生活。掌握科学的时间管理方法，将为我们带来更多的自由与宁静，让我们在忙碌的生活中找到平和与满足。下图为两周的OKR计划示例。

OKR1	第一周	反思本周OKR的执行情况：哪些做得好，可以保持；存在哪些问题，哪里需要改进；改进措施是什么。	第二周	反思本周OKR的执行情况：哪些做得好，可以保持；存在哪些问题，哪里需要改进；改进措施是什么。
O(目标)： KR1(关键结果1)： KR2(关键结果2)： KR3(关键结果3)：	本周计划 P1： P1： P1：		本周计划	
月计划	本周复盘 周计划完成度：X%	A（achievement 成就）：本周我在执行计划的过程中达成了哪些成就事件？ K（keep 保持）：本周有哪些思想、动作、细节，是我做得好的，可以继续保持的？ P（Problem 问题）：本周遇到了什么问题？有哪些地方需要进一步思考、解决？ T（try 尝试）：我接下来可以尝试去做什么来解决问题？	本周计划完成度：X%	A（achievement 成就）：本周我在执行计划的过程中达成了哪些成就事件？ K（keep 保持）：本周有哪些思想、动作、细节，是我做得好的，可以继续保持的？ P（Problem 问题）：本周遇到了什么问题？有哪些地方需要进一步思考、解决？ T（try 尝试）：我接下来可以尝试去做什么来解决问题？

短短三个月，我顺利通过了教练认证测试，并进入下一阶段的成长旅程。这段经历让我深刻体会到，从焦虑到平和，时间管理不仅仅是一项技巧，更是一场内心的成长。

从孩子的欢声笑语，到跨部门的报告会，再到自我实现的探索，时间的意义逐渐在我心中得到升华。我开始明白，时间的本质并非单纯地掌控，而是赋能。只有将每一分每一秒用在真正重要的事情上，才能在繁忙的生活中找到属于自己的平和港湾。OKR 就像一把钥匙，它不仅帮助我明确了什么值得追求，也教会了我如何在复杂的世界中找到自己的方向。

现在，我的心态越来越平和。平和并非时间带来的，而是我们选择的结果。通过记录时间、任务排序、运用黄金时间法则和番茄工作法提升效率，再结合 OKR 来明确目标，我学会了如何连接内心深处的渴望与外部的行动步伐。这样的方式让我在忙碌中找到了更多的平静，焦虑的消散并不是因为生活变得简单，而是因为我心中的方向变得清晰。

时间从未偏袒任何人，但它总会奖励那些懂得珍惜它的人。通过合理的时间管理，我们不仅能更高效地工作，还能实现自我价值，过上更有意义的生活。通过OKR，我不仅设定了目标，更将目标与实际行动紧密结合，迈出了更加坚定的步伐。

这段时间管理的旅程让我更加明白，人生的目标并非遥不可及，而是一步步通过精心规划与坚持实现的。从今天开始，我会继续珍惜每一分每一秒，将时间高效赋能自己的答案，逐步走向那个理想中的自己。让我们一起加油，把握每一刻，让我们想要的人生逐步成为现实。

第 6 章

高效人际关系

在职场和管理中，沟通效率一直是提高工作绩效和团队合作的核心要素之一。但许多时候，沟通并非简单的言语传递。有效的沟通不仅需要精确传达信息，还要深入理解背后的情感和需求。特别是在与客户或团队的互动中，单纯依赖表面的沟通方式往往难以达到预期效果。通过深度倾听，不仅能确保信息的准确接收，还能在此过程中建立起更深的信任关系。

仅仅依赖倾听技巧往往还不够，尤其在面对执行力问题时，管理者需要的是一种能激发行动的沟通方式。在企业管理中，许多执行力不强的问题根源往往不在员工，而是在管理者本身的沟通与执行方式上。教练式对话提供了一种突破这一瓶颈的有效途径。通过引导和启发，帮助管理者反思自身行为，并与团队建立起更加健康、开放的沟通模式，从而提升整体的执行力与团队凝聚力。

> 朱彦云：本硕毕业于重庆大学艺术设计专业，曾任华夏幸福基业股份有限公司设计管理，擅长室内设计、平面设计、人生教练，曾获中国国际第十三届空间设计大赛金奖，独立个人 IP 高定视觉设计师，已帮助个人 IP 打造 60+，产出设计 500+，微信号 lifecoachyun。

6.1 深度倾听，提升沟通效率

在我们与客户的沟通中，很多内容是明确清晰的，比如流程、介绍、合同条款等；然而，更多的沟通信息隐藏在话语背后，比如客户的期待、支出的预估、对我们的信任度等。客户通常在简短的沟通中表达自己想要了解的内容，而如果我们没有留意到这些细节，可能会给客户留下消极的印象，甚至无意识地失去客户的信任。长此以往，不仅会影响工作目标，还会削弱我们的自信心。

一、从倾听开始，建立信任关系

作为一名典型的技术型"i 人（内倾型 introversion）"，我曾经非常不擅长与他人沟通。面对客户、长辈、领导时，我总是感到焦虑，甚至有逃避的冲动，更别提向上管理了。当时，我的理想是大家能够公事公办，有什么说什么，把所有条款都明确写在纸面上，大家按条款执行。因此，我在工作中往往将建立信任的环节交给他人，自己则专注于提供专业支持。

有一次，我和产品经理合作对新产品的包装进行设计。产品经理给我的信息是：产品要定位高端、科技感强、现代化，而在与甲方的日常沟通中，甲方频繁提到人文关怀、社会责任和文化底蕴等概念。由于产品经理与甲方接触较多，我下意识地认为产品经理传递的信息应该更加准确，因此忽略了甲方平时提到的这些深层次的需求。我按照产品经理的描述，设计了现代简约且富有科技感的包装。

当把初稿交给甲方后，甲方并未完全否定，但表示设计还"差点意思"，希望能继续探索。此时，工作小组组长提醒我，设计只体现了产品的表象，未能抓住其核心。组长委婉地鼓励我主动与甲方沟通，以更好地理解甲方的真正想法。

那一刻，我意识到自己又陷入了"被动等指令"的思维中。事实上，工作小组邀请我参与的原因就是希望我能理解项目，提出专业的意见，并通过视觉设计展现产品的内核。由于我逃避与甲方的沟通，选择忽略甲方潜在的深层需求，前期浪费了不少时间和精力。当天，我决定主动发起会议，组织甲方、工作小组组长和产品经理一起讨论，重新梳理设计理念。在我的主导下，我们快速确定了设计基调，加班加点完成了设计任务，并最终顺利达成了甲方的要求。这次经历，不仅让我与甲方建立了深厚的信任，也为后续的长期合作奠定了基础。

这件事情之后，我开始主动与客户和甲方对接，逐渐意识到，客户往往并不会一开始就把自己的想法完全表达出来。为了更好地理解客户，我专门学习了人生教练（life coach）的3F倾听模型。通过学习，我发现要听到客户言语背后的信息，首先自己需要保持包容和开放的心态，清空固有的认知和过往经验，不带评判地去看待客户。

二、3F倾听模型，提高沟通效率

无论是在工作还是生活中，每个人的行为和语言背后都有其自洽的逻辑。而过去的我，身上常有"技术型人"的傲慢，认为客户不具备我的专业能力，从而无意识地将客户置于被动接受的位置。客户的项目是他们自己的，然而当他们尝试提出自己的意见时，却没有得到充分的倾听和尊重，就容易产生不被重视的情绪。这种情况虽然表面上看似问题不大，但潜移默化地影响了客户对我的信任和依赖，造成了不必要的隔阂。

我开始有意识地将3F倾听的技能运用到工作中。一次与客户沟通室内设计项目时，我注意到客户夫妻二人中的男主人一开始就定下了基础需求，急于开始动工，而女主人则有更多的想法，希望在设计中实现她的愿景。但男主人经常打断她，表示"不必再纠结了"。

我主动加了女主人的微信，鼓励她探索自己想要的风格，并与她共同讨论细节，甚至在图纸上做出示意。最终，效果图完成后，女主人非常开心地跟我说："这就像是梦想成真一样！"这也增强了她对我们团队的信任。后期施工过程中，客户对设计几乎没有提出大的修改意见，这充分体现了我们之间的信任与合作。

随着经验的积累，我逐渐学会了将设计的主动权交给客户，采用3F倾听方式陪伴他们共创设计。结果，客户不仅能够表达自己的真实需求，我们也能更准确地把握他们的想法。与此同时，项目的落地过程也更加顺利，返工情况大幅降低。客户与我们之间的信任关系愈加稳固。

这让我深刻意识到，客户本身拥有极强的创造力，尽管他们没有设计专业的背景，但当他们有机会发挥自己的创造力时，最需要的是一个能够聆听他们心声、鼓励他们、引导他们的设计师。

通过这些经验，我深刻感受到倾听的力量。有效的沟通不仅仅是传递信息，更是通过倾听、理解与尊重，建立起彼此之间的信任和连接。希望更多的同行能够在日常工作中，学会从倾听开始，提升沟通效率，收获更多成功与合作的机会。

3F 倾听模型是马歇尔·卢森堡（Marshall B. Rosenberg）在《非暴力沟通》一书中提出的概念，分别代表事实（fact）、感受（feel）和关注点（focus）。这个模型后来被广泛应用于教练过程中，成为帮助沟通者更好地理解他人需求和提升信任关系的有力工具。

1. 听事实

"听事实"看似简单，但在实际应用中，我们往往忽略了它的重要性。很多日常对话中，大家习惯使用描述性语言表达自己的情感或问题。例如："我今天早上八点半才出门，路上遇到堵车，结果没赶上 9 点的打卡，扣了全勤奖，我非常沮丧。"这句话看似表达了一个完整的情境，但如果我们仔细分析，会发现每个人的关注点不同：有的人关注迟到，有的人关注堵车，有的人关注扣全勤奖，还有人则着重于沮丧。如果每个人仅围绕自己关注的部分展开讨论，往往难以把握对方的真实意图。

在工作场合中，尤其是与客户沟通时，听清事实显得尤为重要。很多非设计专业的客户在表达他们的设计需求时，往往会使用一些模糊的词汇，例如专业、温暖或亲和。这些词汇本身并不足以构建一个清晰的设计概念，容易导致设计师误解客户的真实需求，从而反复修改设计。

例如，我曾与一位客户沟通设计需求时，他提到希望设计得专业、温暖和亲和。仅凭这三个词，我并不能准确把握客户的需求。于是，我通过以下对话进一步澄清事实。

我："什么样的设计感觉对您来说是'专业'的？"

客户："清爽一些，不要太复杂。"

通过这个回答，我明白了客户希望设计简洁、避免繁复的元素。

我继续问："什么样的设计能让您感到'清爽'？"

客户发来几张喜欢的海报样式，并补充道："大面积的白色，稍微有一点装饰点缀。"

从中，我抓住了客户偏好白色为主色调，且喜欢简洁的装饰风格。

我又问："您希望海报上使用什么颜色作为点缀呢？"

客户："蓝色。"

通过这几轮对话，我逐步明确了客户的需求：设计应该以白色为主色调，蓝色为点缀，并保持简洁清爽的排版风格。经过这样的反复确认，最终形成了一个既符合客户要求，又具有可操作性的设计方案。

在职场中，许多客户、同事或领导往往会使用模糊的语言或缩略词来传达他们的需求。这时，如果我们不对这些模糊的信息进行有效澄清，往往会导致误解，进而影响决策和工作执行。而职场新手为了显得自己有经验，可能会在没有问清楚的情况下直接依据自己的理解去做，导致工作出现偏差。因此，"听事实"是我们在日常沟通中必须特别重视的一项能力。

在实际工作中，我们要学会在与客户或团队沟通时，摒弃自己先入为主的判断，保持一个客观、清晰的心态，尽可能准确地理解客户想要表达的事实信息。这不仅有助于减少误判，还能提高工作效率，避免因信息不对称而导致的返工和时间浪费。

2. 听情绪

在职场中，许多人认为表露情绪是不专业的表现。事实上，情绪的表达恰恰能帮助我们更好地理解他人的需求。在与客户沟通时，若不能敏锐地捕捉到背后的情绪，可能会错失建立信任和解决问题的机会。

例如，当顾客说："我买了你们家的产品，结果尺码弄错了，我要求退换货！"如果客服仅仅用公事公办的语气要求顾客提供购买凭证、退货商品，并告知运费自理，而没有关注顾客背后的愤怒情绪和不满，可能会让顾客在本已不高兴的情况下更加愤怒。这种情绪的积压，必然会影响到后续沟通的效果，甚至影响客户关系的维系。

同样，在亲密关系中，情绪的隐性表达也常常影响沟通效果。例如，有些人可能通过找碴的方式表达内心的需求，但如果另一方没有察觉到对方的不满情绪，而只是就事论事地解决问题，这样的沟通就会错失情感连接，导致关系疏远。

在设计行业中，第一次接触设计师的客户常常没有完整的需求表达，也不清楚设计流程或设计师的工作方式。这时，客户往往会感到不想说错话而产生"被坑"的担忧。如果设计师仅凭专业知识给出直接的建议，忽视了客户的情绪，往往会让客户产生"防御心理"，进而阻碍后续的有效沟通。此时，听情绪便成为有效沟通的关键。

例如，我曾接待过一位名叫A老师的客户。他是一位曾在国企任职的领导，做事干练、果断。当他第一次联系我时，他并没有明确表达需求，而是通过电话简短地告诉我："我要做一个小程序页面设计，会有足够的教练入驻这个小程序，所以需要您尽快完成设计。价格方面，您先报个价。"从他的语气中，我听出了几层含义：

- 权威感和紧迫感：A老师的话语中透露出"我已经决定好做什么"的态度，给人一种命令的感觉，同时他做事非常迅速，显示出他对进度的急切需求。

- 对价格的不确定感：A老师提到"我不清楚设计市场价格"，这显示出他可能担心价格过高，产生压低价格的心理。

根据这些线索，我迅速整理了同类项目的小程序设计方案，并提供了多个报价选择，以便A老师根据预算选择适合的方案。在我给出报价后，A老师的态度明显缓和，我们进入了更平等、深入的需求沟通，最终顺利完成了项目设计。

3. 听价值观

每个人的语言背后，都有其深藏的价值观。正是因为价值观的不同，人们才会对同一件事有不同的看法和态度。例如，一位数学老师曾告诉我："我不想做唯分数论的老师，也不欢迎这种家长。我更希望能够培养孩子们的学习自驱力，让他们真正爱上学习，找到自己的兴趣所在，这样才能受益终身。"从这段话中，可以清楚地听到这位老师秉持的价值观：长期主义、内心改变孩子以及关爱孩子的教育理念。这些价值观深深影响着他选择的职业方向和教学理念。

听价值观意味着我们不仅仅停留在表面信息的沟通，而是深入触及他人内心的核心信念和价值体现，从而实现真正意义上的深度沟通与情感共鸣。

在我的设计工作中，尤其是作为独立设计师，与客户的价值观共鸣显得尤为重要。许多客户，尤其是咨询类客户，内心充满大爱，他们通过帮助他人实现价值来成就自己。这类客户通常非常低调，待人谦和，崇尚传统和务实的价值观。然而，市场上很多咨询类设计作品却常常给人一种浮夸和过于喧嚣的感觉，虽然设计上很精美，但与这些客户的价值观产生冲突，因此无法真正打动他们。

三、通过倾听，深层理解与共鸣

我曾为一位客户设计个人品牌海报。这位客户是一位女性，温暖、知性，沟通中我鼓励她分享自己创办这个项目的初衷。通过她的讲述，我听到了以下几层信息：

- 事实层面：她希望海报能够传达温暖的感觉，同时也希望风格不过于张扬，体现女性气质。
- 情绪层面：她的语气温和、稳重，讲述自己喜爱的事业时，眼中闪烁着光，充满热情和活力。
- 价值观层面：她深受传统文化的影响，特别关注女性在家庭中的重要角色，以及现代女性在家庭生活中的困境。她希望通过自己的专业，帮助更多女性自信地生活。

基于这些信息，我为她设计了一款温暖、复古风格的个人品牌海报，既体现了她温柔、包容的个人特质，又融入了传统文化元素，展现她对女性自我价值的关注。这款海报让客户深深感受到自己的价值被看见，同时也增强了她对我的信任与认同。我们之间的情感链接由此加深，后来她还为我介绍了更多客户，推动了我的事业发展。

从以上三个层面可以看出，倾听的过程是由表及里的：

（1）听事实是在事实层面进行倾听。此时，我们需要放下自己的评判和惯性思维，专注于接收对方所说的每一个重要信息，确保不漏掉任何关键信息。

（2）听情绪是关注表达者的情感状态。对方是紧张的？愉悦的？还是防备的？深度沟通的基础是信任，因此倾听者要敏锐地捕捉到对方的情绪，并给予正向的回应和安抚。

（3）听价值观是与客户建立深层共鸣的关键步骤。每个人的表达背后都有一套自洽的价值观，倾听者要关注这些价值观，了解对方的立场，并从根本上与其达成共鸣。

3F倾听模型为我们提供了一把快速打开他人心灵之门的钥匙。这一模型不仅能帮助我们在人际沟通、团队协作和社会交往中建立起深层次的理解与信任，还能升华沟通的价值和意义，让我们在复杂的人际关系网络中精准地定位，并与他人建立起真诚且富有内涵的联系。

随着对3F倾听模型的不断熟练运用，我与客户能够更加快速地达成共识、顺利推进工作。在倾听的过程中，我还需以开放、包容和中正的态度，站在客户的角度进一步追问细节。

这不仅能够确保我们处于同一阵营，而非对立面，更能帮助我穿越语言表面的信息，深入对方的内心世界。每个人的底层需求都是被看见，然而现代科技往往将人"物质化"或"工具化"，只有通过真正发挥同理心与共鸣，满足彼此的精神和价值需求，才能在关系中注入真正的活力与温暖。

> Nora 朱朱：实体店创始人陪跑教练，22年多行业实体创业经历，涉及婚纱摄影、家具装修、教培机构多个行业；擅长团队管理、团队搭建、团队销售，微信号 a449669391。

6.2 教练式对话，突破沟通瓶颈

在企业管理中，很多问题的核心其实是执行力的问题。领导说了很多次，但员工依然没有按照要求执行，或者开始时做得很好，但一段时间后又回到了原点。如何提高执行力，避免管理者陷入"盯着干"的困境，成为一个重要的课题。企业到底能不能成功，不在于有没有绝对正确的做法，而在于做出来的效果如何。

一、提升企业执行力的关键

作为企业创始人陪跑教练，我在与多个创始人的互动中发现，执行力问题往往让他们感到焦虑。即便是经过多次会议和沟通，效果仍然不理想，甚至有些创始人在遇到困境时开始妥协，结果依然没有提高执行力。没有执行力，企业怎么能取得成果呢？

曾有一家经营了 26 年的企业邀请我，帮助其员工提升执行力。通过与创始人沟通，我感受到了她的焦虑——"最近营销管理者执行力太差了！"她提到："外出都不打卡，合伙人几个月没有业绩，去过几个客户的工地都不知道，客户明天要安装，后端生产单还没下达，这样的执行力怎么能提高客户满意度呢？怎么能带来转介绍呢？"

我能深切感受到她的着急，于是与她开始了一场教练式的对话。

创始人："现在我的执行力真的差到极点，快要疯了！"

我："我能感受到你的焦虑，能理解你的急切心情。那么，你为什么想提高执行力呢？"

创始人："因为只有提升执行力，才能达成业绩，才能让公司生存下来。"

我："除了为了生存和达成业绩，还有什么其他的价值呢？"

创始人："可以让团队看到我们的业绩，增加他们的信心。"

我："对，提升执行力还可以帮助团队互相支持，这样就能实现更好的协作。"

我："那目前你给自己的执行力打几分呢？"

创始人："5 分吧，实在太差了。"

我:"嗯,现在你可以喝一杯水,稍做放松。你自己给自己打5分,那么为什么你希望团队的执行力能达到10分呢?"

创始人:"我是领导,事情这么多,他们不一样。"

我:"如果你自己都没有做到,为什么要要求别人做到呢?"

创始人:"那是不是说我也有问题?"

我:"你觉得呢?"

她沉默了一会儿,终于意识到问题所在。她看着我,眼中闪过一丝光:"我明白了,原来问题出在我自己!有时我说了很多,但也没有做到。"

我:"可以具体说说你有哪些事情没有做到吗?"

创始人:"我经常说要开会,但一忙就忘记了;有时候临时有事情要处理,没提前安排;员工跟我提的事情我也常常忘记。"

我:"那你发现了什么?"

创始人:"我确实是说一套做一套,太不严谨了。"

我:"很好,恭喜你能看见自己,意识到这些问题。接下来你打算如何提高自己的执行力?"

创始人:"我决定变得更加严谨,特别是在说到'我会做'时,我得真正做到。我还想减少承诺,直接给员工奖励,降低他们的期望。"

我:"这是一个很好的想法。那么,具体会怎么做呢?"

创始人:"我会在和员工沟通时像你一样做记录,确保事情落实,不随意许诺,言之必行。"

我:"非常好。那你有没有需要我进一步支持的地方?"

创始人:"暂时没有,如果有问题我会向你请教。你能帮我与员工做一些沟通吗?"

我:"好的,最近我会安排时间与管理层进行面谈。"

创始人:"谢谢朱老师。"

接下来,创始人给我推荐了杨经理进行面谈。在面谈中,杨经理也提到自己执行力不强,并表示想从提高自己开始。

我:"你好,杨经理,你的领导对你很有信心,委托我与你做一次面谈,你什么时候方便?"

杨经理:"好的朱老师,期待与您深入交流。"

我:"我们约定周三下午3点到4点?您看怎么样?"

杨经理:"好的,没问题。"

第二天,我提前发送了地址和联系电话,确保一切准备好。当天见面后,我温和地提醒她:"杨经理,你迟到了5分钟。"

杨经理:"不好意思,我不熟悉这个地方,找停车位花了点时间。"

我:"理解你,如果我是一个有着100万元订单的客户,你觉得自己会迟到吗?"

　　杨经理:"我不是故意的。"

　　我:"明白,结果是迟到的。那么你有什么想说的吗?"

　　杨经理:"我应该提前做好准备,早点到。"

　　我:"那你认为准时到达意味着什么?"

　　杨经理:"准时是一种靠谱的表现,客户会更信任你。"

　　我:"没错,看来你对准时到达有深刻的认识。"

　　杨经理:"通过今天的对话,我感受到了朱老师您对细节的重视,我以后也会更加注意这些小细节。"

　　我:"很好,那我们开始谈谈工作上的问题吧。"

　　杨经理:"我们公司总是很拖拉,和创始人合作很累。"

　　我:"那你当初为什么会选择与她合作呢?"

　　杨经理:"因为我觉得她很勤奋,很有拼劲。"

　　我:"听起来你还是很欣赏她的。"

　　杨经理:"是的,很多人都喜欢她。"

　　我:"那么'拖拉'具体指什么呢?"

　　杨经理:"就是执行力差,很多事情都做不好。"

　　我:"你认为自己也有执行力问题吗?"

　　杨经理:"是的,我知道我自己不够有力。"

　　我:"那你打算如何改变?"

　　杨经理:"我要从自己的读书、考勤、打卡开始做起。"

我："很好！你需要我怎样的支持？"

杨经理："没有，我相信自己可以做好的，只是偶尔希望能有您的关注。"

几周后，我再与创始人见面时，她告诉我，杨经理的业绩提升了，她也变得更加严谨，员工的执行力也得到了显著提升。原来，教练式对话后，她开始从自己做起，改变了对待工作的态度，影响了整个团队的执行力。

总结来看，提升企业执行力的关键在于管理者的自觉与自律。只有管理者做到言行一致，员工才能在榜样的带动下，逐步提升执行力。教练式对话的力量就在于帮助管理者发现自己在执行上的盲点，提供反馈并鼓励他们找到解决方案，而不是一味进行批评和责罚。这种方式能显著提升团队的凝聚力和执行效果，最终带来业绩的提升和企业氛围的优化。

二、从焦虑到自信，走出迷茫的内心

在每个人的一生中，亲情、友情和爱情是最珍贵的财富。这样的情谊是无价的，甚至可以跨越时间的界限，成为心灵深处永远的慰藉。

我有三个闺蜜，她们与我之间有着深厚的感情，我们一起分享过困惑、欢笑和泪水。今天我要讲述的是其中一位闺蜜的故事，她是许多人眼中的"成功典范"。她外表美丽，气质非凡,生活条件优越,事业也相当成功。她从外表到内在,都是许多人羡慕的对象。然而,外表光鲜亮丽的她,却常常面临着内心的焦虑,常常感到孤单和不快乐。这让我开始反思,她究竟缺少了什么?

在一次偶然的聊天中,我看到了她内心深处的痛苦。她告诉我,自己虽然在物质上拥有很多,事业和家庭也很顺利,但她渴望拥有真正的快乐。作为她的闺蜜,我非常想帮助她走出这种困境,于是我们决定进行一次深入的对话,通过教练式对话帮助她找回内心的平静,探索她真正的渴望。

我:"亲爱的,你的生活已经如此美满,如果在生命的尽头,你能选择一种生活方式,你希望是什么样的?"

闺蜜:"我希望自己能微笑着离开这个世界。"

我:"微笑着离开?你能和我分享一下,什么是'微笑着离开'吗?"

闺蜜:"我希望自己能够无遗憾地离开,能够传递我对这个世界的爱。我不需要做很多宏伟的事情,也不需要拥有很多物质。我希望能健康、漂亮,内心无悔,活得光明、坦然,做自己想做的事情。"

我:"这听起来非常美好。那么,你目前在追求这个目标的过程中,遇到了哪些困难呢?"

闺蜜:"我发现自己很没有规律,脑袋里总是充满了很多想法，空闲时间也容易胡思乱想，内心很不安。"

我："嗯，我理解你的感受。那么你希望的规律生活是什么样子的呢？"

闺蜜："我希望每天都能安稳地睡觉，白天能够保持内心的平静，不再那么烦躁。"

我："明白了。那么是什么原因导致你睡不好觉呢？"

闺蜜："我总是胡思乱想，有时候接到朋友的电话，我也不愿挂断，觉得内心很孤单。"

通过这段对话，我逐渐了解了她内心深处的困扰。她的焦虑并不是来自外界的压力或物质的缺乏，而是内心的孤独感和不安感。她虽然有很好的家庭、事业和物质条件，但这些并没有真正填补她内心的空虚感。她渴望得到更多的情感支持，渴望和他人建立更深层次的联系，渴望自己能够真正活在当下，体验内心的宁静。

我："你说自己有很多的财富和美好的人际关系，你能具体谈一谈，你现在生活中有哪些值得感恩的东西吗？"

闺蜜："我拥有一份稳定的工作，收入也不错；我不需要像别人那样早上挤地铁，奔波劳累。我还有我的股东们，他们对我非常支持；我的女儿也很懂事，能让我放心；我还拥有自己的小窝，这是我最喜欢的地方。"

我："是的，你拥有了很多美好的事物。你现在已经是非常幸福的人了。那么，在这样幸福的生活中，你觉得自己缺少了什么？"

闺蜜："我缺少的是内心的平静和对自己真正的满足。我觉得自己虽然拥有很多，但总是被焦虑和孤独感所困扰。"

通过教练对话，我开始引导她重新审视自己的生活，让她知道她已经拥有了许多值得感恩的东西。焦虑并非来自外界的不足，而是来自内心未曾察觉的空缺。只有学会接纳自己，才能真正享受当下的生活。

我："你知道吗，其实你已经非常富有了。不仅是物质上的富足，更是精神上的富足。你有很多值得感恩的东西，现在只是需要学会去看到这些美好，而不是一直焦虑于未来的未知。"

闺蜜："我明白了，其实我一直都在期待更多的东西，却忽视了眼前已经拥有的一切。"

我："是的，感恩自己现在所拥有的，会让你更加满足和安心。焦虑往往来源于对未来的担忧，而一旦我们把注意力集中在当下，活在当下时，很多焦虑就不再有了。"

这时，她的心境发生了微妙的变化。她开始放下对未来的过度焦虑，学会珍惜自己现在所拥有的美好。她告诉我，她想要开始调整自己的作息，做一些简单的事情来帮助自己活在当下，比如每天写下感到快乐的事情，并时常感恩自己拥有的一切。

我："既然你现在已经意识到自己拥有的很多，那么你准备怎么做呢？"

闺蜜："我决定从每天晚上写下一件让我快乐的事情开始，保持感恩的心态。我也想早睡早起，给自己更多的休息时间。"

我："那很好，如果你需要我监督你，我会在你需要的时候支持你。"

闺蜜："谢谢你，我想我已经明白了，我会开始努力调整自己的生活方式，让自己活得更自在。"

通过这次教练对话，闺蜜的心态发生了明显的转变。她开始接纳自己，认识到自己已经拥有的美好，不再一味地对比和焦虑。她不再沉溺于过去的遗憾和未来的恐惧，而是开始专注于当下，学会享受生活中的每一个小幸运。

在教练对话中，我的角色是引导者而非解决者。教练的核心工作是通过提问、倾听和引导，帮助被辅导者挖掘内心的答案，激发他们的潜力。每个人内心都有解决问题的智慧，教练的职责就是帮助对方找到自己的答案，帮助他们重拾对自己的信心。

作为教练，我们需要尊重和接纳每一个人，无论他们的观点如何不同，行为如何不完美。通过全然接纳，我们能够为对方创造一个安全的空间，让他们可以自由地表达自己，进而找到真正的答案。

教练式对话并非简单的指导，而是一种与他人心灵相通的交流方式。在这个过程中，我们作为教练，需要放下自己的假设和控制，真诚地倾听对方的声音。每个人都是独一无二的，他们内心的智慧是无穷的。我们的任务就是通过支持和鼓励，帮助他们找到自己的方向和答案。

我相信，在接下来的日子里，闺蜜会继续朝着自己想要的生活前进。她不仅会吸引到更多的美好，也会成为自己生活的主宰者，活出真实的自己。希望每个人都能像她一样，勇敢地做自己，放下对未来的焦虑，珍惜当下，享受生活中的每一刻。